土壤污染防治规划与评价

TURANG WURAN FANGZHI GUIHUA YU PINGJIA

主　编／能子礼超

副主编／刘盛余

四川大学出版社

项目策划：毕　潜
责任编辑：毕　潜
责任校对：周维彬
封面设计：墨创文化
责任印制：王　炜

图书在版编目（CIP）数据

土壤污染防治规划与评价 / 能子礼超主编 . 一 成都：
四川大学出版社，2020.8
　ISBN 978-7-5690-3643-5

　Ⅰ．①土⋯ Ⅱ．①能⋯ Ⅲ．①土壤污染－污染防治
Ⅳ．① X53

中国版本图书馆 CIP 数据核字（2020）第 136586 号

书名　　土壤污染防治规划与评价

主　　编	能子礼超
出　　版	四川大学出版社
地　　址	成都市一环路南一段 24 号（610065）
发　　行	四川大学出版社
书　　号	ISBN 978-7-5690-3643-5
印前制作	四川胜翔数码印务设计有限公司
印　　刷	郫县犀浦印刷厂
成品尺寸	185mm×260mm
印　　张	8.5
字　　数	214 千字
版　　次	2021 年 2 月第 1 版
印　　次	2021 年 2 月第 1 次印刷
定　　价	38.00 元

◆ 读者邮购本书，请与本社发行科联系。
　电话：(028)85408408 /(028)85401670 /
　(028)86408023　邮政编码：610065
◆ 本社图书如有印装质量问题，请寄回出版社调换。
◆ 网址：http://press.scu.edu.cn

四川大学出版社
微信公众号

前　言

环境是指影响人类生存和发展的各种天然的和经过人工改造的自然因素的总体，包括大气、水、海洋、土地、矿藏、森林、草原、湿地、野生生物、自然遗迹、人文遗迹、自然保护区、风景名胜区、城市和乡村等。

土壤是由矿物质、有机质、水、空气及生物有机体组成的地球陆地表面的疏松层。防治土壤污染，直接关系到农产品质量安全、人民群众身体健康和经济社会的可持续发展。

土壤污染具有隐蔽性和滞后性。大气污染和水污染一般都比较直观，通过感官就能察觉；而土壤污染往往要通过土壤样品分析、农作物检测，甚至人畜健康的影响研究才能确定。土壤污染从产生到发现危害通常需要经过较长时间。

土壤污染具有累积性，污染物更难在土壤中迁移、扩散和稀释，且容易在土壤中累积。土壤污染具有不均匀性，土壤性质差异较大，且污染物在土壤中迁移慢，导致土壤中污染物分布不均匀，空间变异性较大。土壤污染具有难可逆性，如重金属难以降解，导致重金属对土壤的污染基本上是一个不可完全逆转的过程。总体而言，治理污染土壤的成本高、周期长、难度大。

本书共5章。第1章土壤污染防控基础知识，包括基本定义、地块基本概念、地块污染与环境过程、地块调查与环境监测、地块环境风险评估、地块风险管控和修复；第2章土壤污染整体防控与规划，包括整体防控原则、工业企业污染源头防控、农用地土壤污染防控、生活垃圾源土壤污染防控、工业固废和危险废物源土壤污染防控、农药和农膜固废源土壤污染防控、畜禽养殖源土壤污染防控、油站和油库源土壤污染防控、污泥源土壤污染防控、危险化学品仓储设施源土壤污染防控、未利用地土壤污染防控和土壤污染防控机制；第3章土壤污染程度评价，包括检测分析、数据统计分析、土壤重金属元素含量界定、土壤重金属元素相关性分析、模糊数学法污染评价、单因子指数法污染评价、内梅罗指数法污染评价、地累积指数法污染评价和土壤污染生态风险评价；

1

第 4 章污染土壤健康风险评估，包括污染场地概念模型、暴露分析、毒性分析、暴露量计算模型和风险评估数值；第 5 章污染土壤修复目标，包括污染土壤修复目标值计算方法和污染土壤修复目标值。

本书由能子礼超负责统稿，第 1、2、3、4 章由能子礼超编写，第 5 章由刘盛余编写。

由于编写时间紧，编者水平有限，书中难免会有疏漏。在使用过程中，如有不妥之处，敬请广大读者批评指正。

编　者

2020 年 8 月

目　　录

第 1 章　土壤污染防控基础知识

1.1　基本定义

1.1.1　环境

环境是指影响人类生存和发展的各种天然的和经过人工改造的自然因素的总体，包括大气、水、海洋、土地、矿藏、森林、草原、湿地、野生生物、自然遗迹、人文遗迹、自然保护区、风景名胜区、城市和乡村等。

1.1.2　疑似污染地块

疑似污染地块是指从事过有色金属冶炼、石油加工、化工、焦化、电镀、制革等行业生产经营活动，以及从事过危险废物储存、利用、处置活动的用地。

1.1.3　污染地块

污染地块是指按照国家技术规范确认超过有关土壤环境标准的疑似污染地块。

1.1.4　疑似污染地块和污染地块相关活动

疑似污染地块和污染地块相关活动是指对疑似污染地块开展的土壤环境初步调查活动，以及对污染地块开展的土壤环境详细调查、风险评估、风险管控、治理与修复及其效果评估等活动。

1.1.5 污染地块信息系统

污染地块信息系统是生态环境部组织建立全国污染地块土壤环境管理信息系统的简称。

1.2 地块基本概念

建设用地是指建造建筑物、构筑物的土地，包括城乡住宅和公共设施用地、工矿用地、交通水利设施用地、旅游用地、军事设施用地等。

土壤污染风险管控和修复包括土壤污染状况调查、土壤污染风险评估、风险管控、修复、风险管控效果评估、修复效果评估、后期管理等活动。

土壤是指由矿物质、有机质、水、空气及生物有机体组成的地球陆地表面的疏松层。

地下水是指以各种形式埋藏在地壳空隙中的水。

地表水是指流过或静置在陆地表面的水。

1.3 地块污染与环境过程

关注污染物是指根据地块污染特征、相关标准规范要求和地块利益相关方意见，确定需要进行土壤污染状况调查和土壤污染风险评估的污染物。

目标污染物是指在地块环境中其数量或浓度已达到对生态系统和人体健康具有实际或潜在的不利影响，需要进行修复的关注污染物。

地块残余废弃物是指地块内遗留和遗弃的各种与生产经营活动相关的设备、设施及其他物质，主要包括遗留的生产原料、工业废渣、废弃化学品及其污染物，残留在废弃设施、容器及管道内的固态、半固态及液态物质，以及其他与当地土壤特征有明显区别的固态物质。

地下储罐是指一个或多个固定的装置或储藏系统，包括与其直接相连接的地下管道，其体积（含地下管道的体积）有 90% 或超过 90% 位于地面以下，通常含有可能对土壤和地下水造成污染的液相有害物质。

地上储罐是指一个或多个固定的装置或储藏系统，包括与其直接相连接的地上管道，其体积（含地上管道的体积）有 90% 或超过 90% 位于地面以上，通常含有可能对土壤和地下水造成污染的液相有害物质。

土壤质地是指按土壤中不同粒径的颗粒相对含量的组成而区分的粗细度。

地层结构是指岩层或土层的成因、形成的年代、名称、岩性、颜色、主要矿物成分、结构和构造、地层的厚度及其变化、沉积顺序等。

表层土壤是指位于地块最上部的一定深度范围内（一般为 0～0.5 m）的土壤，主要指地块中与人体直接接触暴露（经口摄入土壤、皮肤接触土壤和吸入土壤颗粒物）相关的土壤，包括地表的填土，但不包括地表的硬化层。

下层土壤是指表层土壤以下一定深度范围内的土壤，主要指地块中表层土壤以下可能受到污染物迁移扩散影响的土壤。

水文地质条件是指地下水埋藏、分布、补给、径流和排泄条件，水质和水量及其形成地质条件等的总称。

地下水污染羽是指污染物随地下水从污染源向周边移动和扩散时所形成的污染区域。

地下水埋深是指从地表到地下水潜水面或承压水面的垂直深度。

水力梯度是指沿渗透途径水头损失与相应渗透途径长度的比值。

渗透系数是指饱和土壤中，在单位水压梯度下，水分通过垂直于水流方向的单位截面的速度。

潜水层是指地表以下第一个稳定水层，有自由水面，以上没有连续的隔水层，不承压或仅局部承压。

1.4　地块调查与环境监测

地块概念模型是指用文字、图、表等方式来综合描述污染源、污染物迁移途径、人体或生态受体接触污染介质的过程和接触方式等。

土壤污染状况调查是指采用系统的调查方法，确定地块是否被污染以及污染程度和范围的过程。

地块历史调查是指对地块历史事件、地块用途变更、地块生产经营活动，以及地块中与危险废物处理处置等相关的历史资料进行系统的搜集、整理、分类和分析，以明确地块可能发生污染的历史及成因。

地块特征参数是指能代表或近似反映地块现实环境条件，用来描述地块土壤、水文地质、气象等特征的参数。

地块环境监测是指连续或间断地测定地块环境中污染物的浓度及其空间分布，观察、分析其变化及其对环境影响的过程。

土壤污染状况调查监测是指在土壤污染状况调查和风险评估过程中，采用监测手段识别土壤、地下水、地表水、环境空气及残余废物中的关注污染物及土壤理化特征，并全面地分析地块污染特征，确定地块的污染物种类、污染程度和污染范围。

地块治理修复监测是指在地块治理修复过程中，针对各项治理修复技术措施的实施效果所开展的相关监测，包括治理修复过程中涉及环境保护的工程质量监测和二次污染物排放监测。

修复效果评估监测是指在地块治理修复工程完成后，考核和评价地块是否达到已确定的修复目标及工程设计所提出的相关要求。

地块回顾性评估监测是指在地块修复效果评估后，特定时间范围内，为评价治理修复后地块对土壤、地下水、地表水及环境空气的环境影响所进行的监测，同时也包括针对地块长期原位治理修复工程措施效果开展的验证性监测。

系统布点采样法是指将地块分成面积相等的若干小区，在每个小区的中心位置或网格的交叉点处布设一个采样点进行采样。

系统随机布点采样法是指将监测区域分成面积相等的若干小区，从中随机抽取一定数量的小区，在每个小区内布设一个采样点。

专业判断布点采样法是指根据已经掌握的地块污染分布信息及专家经验来判断和选择采样位点。

质量保证是指为保证地块环境监测数据的代表性、准确性、精密性、可比性、可靠性和完整性等而采取的各项措施；质量控制是指为达到地块监测计划所规定的监测质量而对监测过程采用的控制方法，是环境监测质量保证的一个部分。

1.5 地块环境风险评估

致癌风险是指人群每日暴露于单位剂量的致癌效应污染物，诱发致癌性疾病的概率。

非致癌风险是指污染物每日摄入剂量与参考剂量的比值，用来表征人体经单一途径暴露于非致癌污染物而受到危害的水平，通常用危害商值来表示。

建设用地健康风险评估是指在土壤污染状况调查的基础上，分析地块土壤和地下水中污染物对人群的主要暴露途径，评估污染物对人体健康的致癌风险和危害水平。

地块生态风险评估是指对地块各环境介质中的污染物危害动物、植物、微生物和其他生态系统过程与功能的概率或水平与程度进行评估的过程。

危害识别是指根据土壤污染状况调查获取的资料，结合地块土地（规划）利用方式，确定地块的关注污染物、地块内污染物的空间分布和可能的敏感受体，如儿童、成人、生态系统、地下水体等。

暴露评估是指在危害识别的基础上，分析地块土壤中关注污染物进入并危害敏感受体的情景，确定地块土壤污染物对敏感人群的暴露途径，确定污染物在环境介质中的迁移模型和敏感人群的暴露模型，确定与地块污染状况、土壤性质、地下水特征、敏感人群和关注污染物性质等相关的模型参数值，计算敏感人群摄入来自土壤和地下水的污染物所对应的暴露量。

受体是指地块及其周边环境中可能受到污染物影响的人群或生物类群，也可泛指地块周边受影响的功能水体（如地表水、地下水等）和自然及人文景观（区域）等（如居民区、商业区、学校、医院、饮用水水源保护区等公共场所）。

敏感受体是指受地块污染物影响的潜在生物类群中，在生物学上对污染物反应最敏感的群体（如人群或某些特定类群的生态受体）、某些特定年龄的群体（如老年人）或处于某些特定发育阶段的人群（如 0～6 岁的儿童）。

关键受体是指经地块风险评估确定的，对污染物的暴露风险已超过可接受风险水平的人群或生态受体。

暴露情景是指特定土地利用方式下，地块污染物经由不同方式迁移并到达受体的一种假设性场景描述，即关于地块污染暴露如何发生的一系列事实、推定和假设。

暴露途径是指建设用地土壤和地下水中污染物迁移到达和暴露于人体的方式。

暴露方式是指建设用地土壤中污染物迁移到达被暴露个体后与人体接触或进入人体的方式。

暴露评估模型是指描述人体对污染物的暴露过程，预测和估算暴露量的概念模型及数学模拟方法。

污染物迁移转化模型是指描述污染物在土壤和地下水中扩散、迁移、衰减和转化等环境行为，预测污染物时空变化规律、瞬时动态及扩散和影响范围的数学模型及模拟方法。

毒性评估是指在危害识别的基础上，分析关注污染物对人体健康的危害效应，包括致癌效应和非致癌效应，确定与关注污染物相关的毒性参数，包括参考剂量、参考浓度、致癌斜率因子、单位致癌因子、毒性当量、血铅含量等。

致癌斜率因子是指人体终生暴露于剂量为每日每公斤体重 1 mg 化学致癌物时的终生超额致癌风险度。

建设用地土壤污染风险筛选值是指在特定土地利用方式下，建设用地土壤中污染物含量等于或者低于该值的，对人体健康的风险可以忽略；超过该值的，对人体健康可能存在风险，应当开展进一步的详细调查和风险评估，确定具体污染范围和风险水平。

风险表征是指综合暴露评估与毒性评估的结果，对风险进行量化计算和空间表征，并讨论评估中所使用的假设、参数与模型的不确定性的过程。

可接受风险水平是指为社会公认并能为公众接受的不良健康效应的危险度概率或程度，包括可接受致癌风险水平和非致癌效应可接受危害商值。

危害商是指污染物每日摄入量与参考剂量的比值，用来表征人体经单一途径暴露于非致癌污染物而受到危害的水平。

危害指数是指多种暴露途径或多种关注污染物对应的危害商值之和，用来表征人体经多个途径暴露于单一污染物或暴露于多种污染物而受到危害的水平。

不确定性分析是指对风险评估过程的不确定性因素进行综合分析评价。地块风险评估结果的不确定性分析，主要是对地块风险评估过程中由输入参数误差和模型本身不确定性所引起的模型模拟结果的不确定性进行定性或定量分析，包括风险贡献率分析和参数敏感性分析等。

建设用地土壤污染风险管制值是指在特定土地利用方式下，建设用地土壤中污染物含量超过该值的，对人体健康通常存在不可接受风险，应当采取风险管控或修复措施。

土壤环境背景值是指基于土壤环境背景含量的统计值，通常以土壤环境背景含量的某一分位值表示。土壤环境背景含量是指在一定时间条件下，仅受地球化学过程和非点源输入影响的土壤中元素或化合物的含量。

1.6 地块风险管控和修复

地块治理修复是指采用工程、技术和政策等管理手段，将地块污染物移除、削减、固定或将风险控制在可接受水平的活动。

土壤修复是指采用物理、化学或生物的方法固定、转移、吸收、降解或转化地块土壤中的污染物，使其含量降低到可接受水平，或将有毒有害的污染物转化为无害物质的过程。

原位修复是指不移动受污染的土壤或地下水，直接在地块发生污染的位置对其进行原地修复或处理。

异位修复是指将受污染的土壤或地下水从地块发生污染的原来位置挖掘或抽提出来，搬运或转移到其他场所或位置进行治理修复。

修复目标是指由土壤污染状况调查和风险评估确定的目标污染物对人体健康和生态受体不产生直接或潜在危害，或不具有环境风险的污染修复终点。

修复可行性研究是指从技术、条件、成本效益等方面对可供选择的修复技术进行评估和论证，提出技术可行、经济可行的修复方案。

修复方案是指遵循科学性、可行性、安全性的原则，在综合考虑地块条件、污染介质、污染物属性、污染浓度与范围、修复目标、修复技术可行性，以及资源需求、时间要求、成本效益、法律法规要求和环境管理需求等因素的基础上，经修复策略选择、修复技术筛选与评估、技术方案编制等过程确定的适用于修复特定地块的可行性方案。

修复系统运行与维护是指对长期运行的修复系统进行定期的监控、检查、保养和维护，以确保修复工程的稳定与运行效果。

修复工程监理是指按照环境监理合同对地块治理和修复过程中的各项环境保护技术要求的落实情况进行监理。

修复效果评估是指通过资料回顾与现场踏勘、布点采样与实验室检测，综合评估地块修复是否达到规定要求或地块风险是否达到可接受水平。

制度控制是指通过制定和实施各项条例、准则、规章或制度，防止或减少人群对地块污染物的暴露，从制度上杜绝和防范地块污染可能带来的风险和危害，从而达到利用管理手段对地块的潜在风险进行控制的目的。

工程控制是指采用阻隔、堵截、覆盖等工程措施，控制污染物迁移或阻断污染物暴露途径，降低和消除地块污染物对人体健康和环境的风险。

修复技术是指可用于消除、降低、稳定或转化地块中目标污染物的各种处理、处置技术，包括可改变污染物结构，降低污染物毒性、迁移性、数量、体积的各种物理、化学或生物学技术。

修复技术筛选是指依据经济可行、技术可行和环境友好等原则，结合地块现实环境条件，从修复成本、资源要求、技术可达性、人员与环境安全、修复时间需求、修复目标要求，以及符合国家法律法规等方面综合考虑与分析，通过软件模拟或矩阵评分等技术方法与程序，从备选技术中筛选出适合修复特定地块的可行技术。

地块档案是指记载地块基本信息，如地块名称、地理位置、占地面积、地块主要生产活动、地块使用权、土地利用方式，以及地块污染物类型和数量、地块污染程度和范围等，具有查考和保存价值的文字、图表、声像等各种形式的记录材料。

优先管理地块是指污染重、风险高、危害性大和污染情况危急，可能对人体健康和生态环境造成严重威胁或极大破坏，或因某些特殊情况和实际需要，需要进行优先控制、管理和治理的地块。

第2章　土壤污染整体防控与规划

2.1　整体防控原则

2.1.1　保护优先，控制源头

坚持保护优先与控制源头相结合。优先保护质量良好的土壤，保护影响农产品质量、饮用水安全和人居健康的土壤，建立严格的土壤环境保护管理制度。强化环境准入和监管，从源头上严控土壤污染增量，消减土壤污染存量。

2.1.2　夯实基础，加强监管

依据对土壤污染状况的调查，完善土壤环境的大数据信息化管理，掌握土壤污染状况，准确研判土壤环境质量状况。完善环境监测、监察、应急网络体系和手段，拓展土壤环境监管的广度和深度，充分利用科学实用的新技术，推动土壤污染治理修复与监测。

2.1.3　突出重点，试点示范

统筹长远规划与近期目标，兼顾土壤环境质量监测与污染地块治理修复，兼顾不同土壤类型，着力解决制约土壤环境保护工作的瓶颈问题，抓住重点环节，在分类、分区、分级的基础上确定污染控制的优先顺序，优先选择集中连片耕地、历史遗留场地等典型区域，开展受污染土壤综合整治试点示范，采用先进治理修复技术，以点带面，探索建立适合土壤污染治理修复的技术体系，逐步推动受污染土壤的治理修复。

2.1.4　预防管控，分类治理

实施分类分级，确保安全使用。严格用途管制，建立耕地和建设用地分类分级管理制度。优先保护未污染耕地，安全利用轻污染耕地，严格管控重污染耕地的利用，加强农产品质量安全监测。严控建设用地的再开发利用过程监管，合理规划受污染场地的用途。

2.1.5　管研结合，协调推进

加强土壤环境监管能力建设，强化工程监管，引入科研技术力量，完善治理与修复标准，推进修复技术产业化，完善治理与修复项目库，提升土壤污染治理与修复的综合能力。

2.2　工业企业污染源头防控

2.2.1　在产企业用地土壤污染防控

开展重点行业企业土壤污染状况详查。依据《土壤污染重点行业类别及土壤污染重点企业筛选原则》，筛选确定区域土壤污染重点行业企业名单，开展基础信息调查和信息入库工作，根据调查信息，科学划分高度、中度、低度关注地块。对高度关注地块，全部开展初步采样调查；对中度、低度关注地块，选择部分有行业代表性的地块作为样本，依据《重点行业企业用地土壤污染状况调查疑似污染地块布点技术规定》，对需要开展采样调查的地块进行布点。对于地下水可能受到污染的地块，布设地下水采样点位，规范土壤样品测试，科学分析测试成果，划分地块污染的风险等级，确定污染地块清单。综合分析区域内污染地块土地规划用途、行业特征、风险等级、社会影响等因素，选取一定比例的高风险污染地块建立优先管控名录。发生过环境事故，并对周边人群健康或社会稳定造成重大影响的在产企业地块或存在危害性较大的污染物，且污染较为严重的在产企业地块可以直接纳入优先管控名录。加强详查过程中土壤环境问题突出和环境风险高的区域和相关企业风险管控，落实风险管控措施，做到边调查、边应用、边管控，逐步建立健全土壤环境风险体系。

在详细调查过程中，针对场地土壤和地下水污染的特点，根据目标场地土壤类型各层分布、地下水高度、地下水走向、原企业生产产品、生产历史、生产功能区分布等情况，对场地的各个区域进行针对性调查，为确定场地污染土壤治理修复工程量提供依据。严格按照目前国内及国际上场地调查的相关技术规范进行调查。在场地调查中，对现场调查采样、样品保存运输、样品分析、风险评估等一系列过程进行严格的质量控制，保证调查过程和调查结果的科学性、准确性和客观性。在场地环境调查评估时要综合考虑调查方法、调查时间、调查经费以及现场条件等客观因素，保证调查过程切实可行。

（1）开展土壤污染隐患排查。

根据重点企业的分布、规模和污染物排放情况，拟定区域土壤环境重点监管企业名单，实行动态管理，每年定期调整和公布。纳入名单的企业要依据有关规定及时向社会公开其产生的污染物名称、污染物来源、排放方式、排放浓度、排放总量、污染防治设施建设和运行情况以及土壤环境监测结果；按照工业企业土壤污染隐患排查指南，加强对生产区、原材料和废物堆区、储放区、转运区的土壤污染隐患排查，排查对象主要包括各类设施和堆存场所，污染因子包括重金属和有机污染物等。隐患排查的对象和主要任务见表 2-1。

表 2-1　隐患排查的对象和主要任务

对象	主要任务
各类设施	包括散装液体存储设施（地下储罐、地表储罐、离地的悬挂储罐、水坑或渗坑等）、散装液体的转运设施（装车与卸货、管道运输、泵传输、开口桶的运输等）、散装和包装材料的存储与运输设施（散装商品、固态物质、液体等）、污水处理与排放设施、紧急收集装置和车间存储设施等
工业活动中可能造成土壤污染的物质	芳烃、醇、酯、有机酸、有机液体或乳液、无机化合物、矿物和矿石
加工和未加工的液态和糊状农产品	动物肥料，其他有机肥料和人工肥料
有毒有害废物	国家危险废物名录中列举的内容、污水污泥、生物废物、混合生活垃圾、混合施工和拆除废物、钻井泥浆和钻孔废物等

（2）开展土壤污染隐患整治。

有关企业要根据排查情况，结合生产工艺类型、防护措施和监管手段进行土壤污染的可能性评估。存在风险隐患的重点企业和存在土壤污染的在产企业地块，要制定专项整治方案，实施"一厂一案"，限期治理，明确责任人、具体整改措施、时间和进度安排，并落实整改措施，按时完成治理修复任务。完善环境污染事件应急预案，防范突发环境事件污染土壤，对涉及土壤污染的环境污染事件，要启动土壤污染防治应急措施，制定并落实污染土壤治理和修复方案。

（3）实施工业污染源全面达标排放。

实施排污口规范化整治，工业企业进一步规范排污口设置，编制年度排污状况报告。全面推进工业污染源"双随机"抽查制度，对污染物排放超标或者重点污染物排放超总量的企业予以"黄牌"警示，限制生产或停产整治；对整治后仍不能达到要求且情节严重的企业予以"红牌"处罚，依法责令限期停业、关闭。实施化工、电镀等涉重金属、危险废物等重点行业企业达标排放限期改造，大力推广先进的污染治理技术，督促企业升级改造环保设施，确保稳定达标排放。

（4）开展土壤环境定期监测。

列入名单的企业每年要自行对其用地土壤进行环境监测，获取的相关数据向环境保护部门备案申报，并及时向社会公开。环境保护部门要定期对列入名单的企业的周边土壤开展监督性监测，作为环境执法和风险预警的重要依据。监测点位、监测因子、监测方法等要满足国家有关技术规定，确保监测数据的真实、有效和完整。

（5）强化重点监管企业土壤风险管控。

对污染物排放浓度、单位产品排水量或排放总量超过现行排放标准的企业，实施限制生产、停产整治。相关企业要制定达标实施方案，落实治理资金，加强对污染治理设施的提标升级改造，严格执行污染防治设施运行制度，确保达标排放。按照网格化环境监管的要求，对重点企业加大现场巡查力度，督促企业建立完善的污染防治体系和环境风险防控体系。严控企业的"跑、冒、滴、漏"现象和无组织排放，防止污染土壤。严格环境执法，落实行政执法与刑事司法衔接机制，严厉查处企业的违法行为。

（6）强化企业拆除活动污染防控。

电镀、医药化工等重点行业企业整体或局部拆除生产设施设备、构筑物和污染治理设施，要事先制定《企业拆除活动污染防治方案》和《拆除活动环境应急预案》，严格按照有关规定实施安全处理处置，防范拆除活动污染土壤。《企业拆除活动污染防治方案》报有关监管单位备案，《拆除活动环境应急预案》的编制及管理要参照《企业事业单位突发环境事件应急预案备案管理办法（试行）》。其中，涉及危险化学品生产使用企业的拆除活动，应同时满足《危险化学品安全管理条例》的规定；产生危险废物的拆除活动要满足《固体废物污染环境防治法》中有关危险废物管理的规定；含石棉材料的设备、建（构）筑物等的拆除活动，要满足《石棉作业职业卫生管理规范》的要求；含多氯联苯的设备拆除，要满足《含多氯联苯废物污染控制标准》的相关技术要求；涉及放射性物质的设备、建（构）筑物等的拆除活动，应按照国家和地方放射性物质法规管理。

确保在拆除活动过程中不新增环境污染风险，消除拟保留在原址的设施、设备的环境污染风险，《企业拆除活动污染防治方案》要明确拆除活动全过程土壤污染防治的技术要求、周边环境特别是环境敏感点的保护要求等，并且要统筹考虑落实《污染地块土壤环境管理办法（试行）》，做好与后续污染地块场地调查、风险评估等工作的衔接。拆除作业前要做好环境污染风险识别，对拆除区域内各类物料、废物存储设备，以及自然坑池、基坑、堤沟、自然低地等区域内的遗留物料、残留污染物进行清理，拆除遗留设备。在拆除活动中，要按照环境污染风险识别、拆除施工、现场清理三个阶段进行，对遗留物料、设备、建（构）筑物及其拆除产物按照可利用与不可利用进行分类管理。拆除活动现场应划分拆除区、设备集中拆解区、设备集中清洗区、临时存储区等，根据作业过程污染特征，分别采取防雨、防淋洗、防渗、防扬尘，以及废水、废气集中收集等二次污染防治措施，并配备消防及应急处置物资。拆除活动结束后，企业应组织编制《企业拆除活动环境保护工作总结报告》。对于拆除活动过程中的污染防治相关资料，企业应保存并归档，为后续污染地块调查评估提供基础信息和依据。

2.2.2 关闭搬迁企业用地土壤污染防控

开展关闭搬迁企业用地土壤污染状况调查。依据《关闭搬迁企业地块风险筛查与风险分级技术规定》，做好重点行业关闭搬迁企业清单的核实工作，开展关闭搬迁企业用地土壤环境调查。关闭搬迁企业用地土壤污染状况调查各阶段完成时限要求与在产企业用地完成时限要求一致。

调查工作分为风险筛查、风险分级与优先管控名录建立三个阶段。在风险筛查阶段，依据《重点行业企业用地调查信息采集技术规定》，收集关闭搬迁企业地块相关信息，填报并上传关闭搬迁企业地块信息调查表，利用风险筛查系统计算各地块的环境风险分值，评估关闭搬迁企业地块的相对风险水平，确定关闭搬迁企业地块的关注度。在风险分级阶段，对全部高度关注地块和部分中度、低度关注地块进行初步采样调查，依据关闭搬迁企业地块的初步采样调查结果与相关信息，开展关闭搬迁企业用地的地块污染特性、土壤污染物及地下水迁移途径、土壤及地下水污染受体等风险筛查和风险分级，评估关闭搬迁企业地块的相对风险水平，确定地块风险等级，分别划分为高风险、中风险和低风险地块。在优先管控名录建立阶段，综合考虑关闭搬迁企业地块的风险等级、地块的社会关注度等因素，建立关闭搬迁企业地块优先管控名录。

开展污染地块土壤环境调查评估。根据国家有关保障工业企业场地再开发利用环境安全的规定，完善关闭搬迁企业地块数据库，建立区域疑似污染地块名单。疑似污染地块名单实行动态更新，对疑似污染地块要按照国家有关环境标准和技术规范开展土壤环境初步调查，编制调查报告。初步调查报告应当包括地块基本信息、疑似污染地块是否为污染地块的明确结论等主要内容。根据初步调查报告建立污染地块名录，污染地块名录实行动态更新。对列入污染地块名录的地块，开展土壤环境详细调查，编制调查报告。详细调查报告应当包括地块基本信息，土壤污染物的分布状况及其范围，以及对土壤、地表水、地下水、空气污染的影响情况等主要内容。

根据《关于切实做好企业搬迁过程中环境污染防治工作的通知》（环办〔2004〕47号）、《关于保障工业企业场地再开发利用的通知》（环发〔2012〕40号）、《近期土壤环境保护和综合治理工作安排的通知》（国办发2013）、《关于加强工业企业关停、搬迁及原址场地再开发利用过程中污染防治工作的通知》（环发〔2014〕66号）等，做好土壤污染风险管控，拟定重点监管企业名单，编制土壤重点污染风险源清单，强化监管，实施分类治理，并对重点企业开展全面排查。要有效预防新污染、整治老污染、控制环境风险，就必须科学、严谨地开展场地环境状况调查、监测、评价工作。

环境风险评估严格按照三个阶段进行实施。第一阶段，即场地污染现状的初步识别阶段，主要目的是识别场地环境污染的潜在可能，通过会谈、场地访问以及填写调查表等方式，调查企业的生产状况、原辅材料使用种类、运输及存储方式、生产工艺、生产车间布置情况、工业固废、工业粉尘处置方式等，综合分析生产活动中的排污环节、污染土壤途径和污染因子，定性分析各污染因子对场地的污染程度及范围，提出场地污染监测技术方案，为下一阶段土壤风险评估及土壤污染修复方案提供基础数据。第二阶段，即场地污染甄别阶段。如果第一阶段的评价结果显示该场地可能已受污染，那么在第二阶段评价中将在疑似污染地块上进行采样分析，以确认场地是否存在污染。根据制定的土壤监测方案，委托监测单位取样监测分析，并对监测结果进行初步分析。第三阶段，即风险评估与污染治理方案制定阶段。根据监测结果，一旦确定场地已经受到污染，就需要全面、详细地评价污染程度及污染范围，并提出治理目标和推荐治理方案。

在开展场地污染环境风险评估中重点控制质量，建立现场质量控制、质量审核、质量保证的协调和技术顾问组。现场质量控制保证现场钻探、采样、样品保存和流转过程满足项目实施方案和相关技术规范的要求。当现场工作不能满足质量控制的要求时，现场质量控制人员有权要求所有人员停止工作，并提出整改要求。

开展污染地块土壤治理与修复。根据风险评估结果，并结合污染地块相关开发利用计划，编制风险管控方案，有针对性地实施风险管控。对暂不开发利用的污染地块，实施以防止污染扩散为目的的风险管控，划定管控区域，设立标识、发布公告，并组织开展土壤、地表水、地下水、空气环境监测，发现污染扩散时应采取污染物隔离、阻断等环境风险管控措施；对拟开发利用为居住用地和商业、学校、医疗、养老机构等公共设施用地的污染地块，实施以安全利用或治理修复为目的风险管控。选取具备开发条件、治理修复基础和典型示范性的污染地块，实施土壤治理与修复试点示范项目。

对需要开展治理与修复的污染地块，编制污染地块治理与修复工程方案。工程方案应当包括治理与修复范围和目标、技术路线和工艺参数、二次污染防范措施等内容。治理与修复要按照科学性、可行性和安全性的原则，综合考虑污染场地修复目标、土壤修复技术的处理效果、修复时间、修复成本、修复工程的环境影响等因素，合理选择土壤修复技术，因地制宜制定修复方案，使修复目标可达，修复工程切实可行，并防止对施工人员、周边人群的健康以及生态环境产生危害和二次污染。污染地块治理与修复期间，要防止对地块及其周边环境造成二次污染；治理与修复过程中产生的废水、废气和固体废物，应当按照国家有关规定进行处理和处置，并达到国家或者地方规定的环境标准和要求。

根据确定的场地修复模式和土壤修复技术，制定土壤修复技术路线，可以采用一种修复技术，也可以采用多种修复技术进行优化组合。修复技术路线应反映污染场地的修复总体思路、修复方式、修复工艺流程和具体步骤，还应包括场地土壤修复过程中受污染水体、气体和固体废物等的无害化处理和处置等。落实土壤污染防治措施，土壤污染修复在修复场地范围内进行，所有机械设备均不离开修复场所，直到修复结束，可有效避免污染。污染土壤清挖存放过程中应做好苫盖，防止污染土壤飞扬。严格限制污染土壤挖掘设备、运输设备和处置设备的活动范围，防止将污染土壤带离污染区域。在污染土壤暂存过程中，堆放场周边应设置排水和集水设施，顶部苫盖，底部设置防渗层，减少雨水冲刷、污染物下渗及扬尘。清挖基坑回填的土壤需经过检测，不应超过本场地土壤修复目标值。污染地块经治理与修复，并符合相应规划用地土壤环境质量要求后，可以进入用地程序。污染地块未经治理与修复，或者经治理与修复仍未达到相关规划用地土壤环境质量要求的，不予批准建设。

2.2.3 工业园土壤污染防控

开展工业园土壤环境调查。开展工业园的基础信息收集，历史沿革情况、场地现状、污染企业数量、涉重金属或有机污染物排放情况、污水处置设施建设情况和初步采样调查，完成数据信息的收集与录入。摸清工业园的土壤污染状况及污染地块分布，初步掌握工业园污染地块环境风险情况。

构建工业园污染综合预警体系。开展工业园污染综合预警体系建设，构建园区大气、水、土壤污染协同预防预警体系。重点加强工业园风险防范及应急设施建设，在已经比较完善的大气和地表水污染风险防范的基础上，强化土壤和地下水污染防范措施。依托工业园内的企业资源，完善园区的日常和应急环境监测能力，建立覆盖面广的可视化监控系统，定期开展园区及周边环境监测。加强应急救援队伍、装备和设施建设，储备必要的应急物资，建立重大风险单位集中监控和应急指挥平台，完善事故应急体系，有计划地组织应急培训和演练，全面提升园区风险防控和事故应急处置能力。加快自动监测预警网络建设，健全环境风险单位信息库。

实施工业园土壤污染综合治理。严格工业园建设环境准入标准，新建、改造、升级的工业园需全面开展园区规划环境影响评价，充分评估园区环境风险，提出园区风险防范工程措施。工业园要按规定建成工业污水集中处理设施及配套管网，确保园内企业排水接管率达100%。园内企业应做到"清污分流、雨污分流"，实现废水分类收集、分质处理，并对废水进行预处理，达到园区污水处理厂接管要求后，接入园区污水处理厂集中处理。园内企业要加强对废气尤其是挥发性和半挥发性有机物气体的收集和处理，严格达标排放，配备相应的应急处置设施。有条件的工业园要配套建设危险废物和一般固体废物集中暂存和处置设施，提升园区各类固体废物处理处置能力。根据工业园的污染现状和对周边土壤环境的影响，开展园区内大气、水、固废污染源协同治理工作，防止污染土壤。

健全工业园土壤环境管理制度。编制工业园土壤环境管理和技术文件，探索构建高效的园区土壤环境管理制度体系。工业园管理机构要制定园区内主要污染物和化学特征污染物的监测方案，严格控制污染物排放，并加强对水、空气和土壤环境质量的监测；严格按照排放标准对企业特征污染物实施监督管理，杜绝有毒有害污染物超标排放；督促企业按照要求进行危险化学品环境管理登记，加强化学品环境风险管理；督促企业按照要求严格进行危险废物暂存、转移和处置管理；严格执行国家鼓励的有毒有害原料（产品）替代品目录，加强电气电子、汽车等工业产品中有害物质的控制。

2.2.4 涉重企业土壤污染防控

严格重金属总量控制指标。严把环境准入关，严格涉重建设项目审批，新（改、扩）建涉重企业和涉重园区必须严格按照重金属污染防治要求，把重金属总量指标作为经济结构调整和产业升级的重要抓手，合理布局，缓解重金属排放的环境压力。实施重点重金属污染物排放总量指标前置审核制度，新（改、扩）建项目需取得重点重金属排放量指标。制定重点行业的重点重金属排放量控制方案，利用提高行业准入、优化产业结构和加大污染治理等手段，控制重点行业的重点重金属排放量。重金属防控重点见表 2-2。

表 2-2　重金属防控重点

重点污染物	铅（Pb）、汞（Hg）、镉（Cd）、铬（Cr）、类金属砷（As）等元素为重点防控的重金属污染物，兼顾镍（Ni）、铜（Cu）、锌（Zn）、钒（V）等其他重金属污染物
重点行业	金属表面处理及热处理加工业（电镀）、皮革制造业、化学原料及化学制品制造业等

实施重点企业重金属达标排放行动。实施涉重金属污染源全面达标排放计划，全面排查涉重企业的重金属达标排放情况。重金属重点排污企业达标排放率达到 100%，涉重危废安全处置率达到 100%。对整治无望的企业要依法依规实施关闭取缔，对整治后可以达标的企业，要责令其采取限制生产、停产整治等措施，实施"一厂一案"，限期治理。没有达标的企业要主动落实治污主体责任，按照排放标准要求，根据污染治理设施现状和污染物排放特点等情况，针对排放不达标的因子制定专项整治方案，对污染治理设施进行达标升级改造，实施深度治理，按时完成达标整治任务。严格执行污染防治设施运行制度，加强日常运行管理，确保治理设施正常运行，依法排污，稳定达标。将电镀等行业重金属污染物纳入排污许可证管理，推行以排污许可证为核心的污染源综合管理制度。采取"以奖代补"方式鼓励现有重金属污染企业升级改造，降低重金属排放总量，实现稳定达标排放。

全面提升涉重产业技术水平。按照国家节能减排、淘汰落后产能、行业技术进步和清洁生产等要求，涉重行业企业要积极研发和推广先进的工艺技术及装备，采用重金属污染小的原辅材料和技术路线，淘汰高耗能、高污染、低效率的落后工艺和设备，做好强制性清洁生产审核，加快实施清洁化生产改造，提高"三废"回收利用率，严格控制无组织排放，采取源头控制、过程治理等多途径减少重金属污染物的产生和排放。重点重金属排放行业污染治理见表 2-3。

表 2-3　重点重金属排放行业污染治理

金属表面处理及热处理加工行业	继续实施电镀企业清洁化改造，全面推广三价铬镀铬、镀锌层钝化非六价铬转化膜等工艺技术，推广使用间歇逆流清洗等电镀清洗水减量化技术，推广采用镀铬、镀镍、镀铜溶液净化回收技术。加快推进电镀企业提升废水回用率。加强车间酸雾收集处理设施建设，强化无组织酸雾排放收集处理
医药化工行业	加快典型企业污染治理设施的升级改造，强化废气和废水等重金属的协同处理控制。加强企业原料和废渣堆放存储场所的规范化建设，禁止露天堆放

推进历史遗留重金属污染治理。加快涉重金属企业遗留场地环境调查，对遗留涉重金属危险废物、周边环境影响及污染治理进度情况等进行全面摸排。做好医药化工、电镀等涉重金属企业关停搬迁旧址的环境调查和风险评估。根据调查和评估结果，制定综

合整治方案，按照污染等级和危害程度，实施治理修复示范工程建设，集中解决重金属污染问题。

完善重金属环境监测网络。优化调整重金属环境质量监测点位，建立区域重金属污染监测网络、农产品产地重金属监测网络、重金属污染健康监测网络，对重金属重点防控区的污染源及其周边水、气、土壤、农产品等开展重金属跟踪监测。加快推进重点河流监测断面水质重金属自动监测站的建设，开展重金属指标自动监测。

提高涉重企业环境风险防范水平。将涉重企业全部纳入土壤重点监管企业名单，督促企业按照相关要求做好环境风险评估、环境安全隐患排查及治理、环境应急演练等工作，健全重金属环境风险防控体系，提高重金属突发环境事件应急能力。严格落实环境风险隐患登记、整改和销号的全过程监管制度。强化对含重金属废气集中收集处理设施、含重金属废水收集处理和回用设施的风险管控，防止出现重金属污染事故。

2.2.5　持久性有机物土壤污染防控

实施持久性有机污染物（POPs）统计调查。对电镀行业企业进行持久性有机污染物控制，组织开展PFOS和HBCD等新增列POPs在电镀等行业的使用情况调查，全面查清POPs的产生和排放情况。

淘汰POPs落后产能和设施。按照《关于利用综合标准依法依规推动落后产能退出的指导意见》的要求，淘汰POPs排放强度大、不能稳定达到环保标准排放的生产工艺装备和产品，关停经整改仍不达标的POPs排放企业。

严格控制POPs新增量。将二噁英等作为主要特征污染物纳入有关行业的环境影响评价中，禁止审批生产国际公约中禁止使用的杀虫剂类和阻燃剂类POPs的新建、改建和扩建项目。加强政策引导和技术推广，重点排放行业新建、改建和扩建项目要采用POPs污染防治先进的技术和工艺，降低POPs排放水平。加强重点排放行业竣工环境保护验收中二噁英排放监测，确保二噁英削减和控制措施落实到位，从源头削减排放量。

开展POPs污染场地调查评估和治理。全面开展POPs污染场地调查评估，评估其环境和健康风险，建立污染场地档案，跟踪治理情况及风险水平，实现对场地的动态管理。

2.3　农用地土壤污染防控

2.3.1　农用地土壤污染状况详查

以耕地为重点，兼顾园地和草地，全面启动农用地土壤污染状况详查，整合环保、国土资源、农业、住房和城乡建设等部门的相关数据和信息资料，建立土壤环境基础数据库。依据《土壤样品采集流转制备和保存技术规定》《农产品样品采集流转制备和保存技术规定》《农用地土壤污染状况详查质量保证与质量控制技术规定》《土壤样品分析测试方法技术规定（系列）》《农产品样品分析测试方法技术规定（系列）》开展样品的采集、保存、流转、制备、分析、质控工作，分析测试结果，评价土壤环境风险，确定农用地土壤污染的面积与分布，以及对农产品质量的影响。调查成果将作为农用地分类管理和安全利用的依据。基本查清耕地土壤污染的面积、分布及其对农产品质量的影响，构建农用地土壤环境质量基础数据库。

2.3.2　农用地土壤环境质量类别

根据农用地土壤污染状况详查、农用地土壤环境监测、农产品质量协同监测等结果，依据国家农用地土壤环境质量类别划分技术指南，开展农用地环境质量类别划分，按污染程度将农用地划为三个类别：未污染和轻微污染的划为优先保护类，轻度和中度污染的划为安全利用类，重度污染的划为严格管控类。

建立分类清单，明确优先保护类、安全利用类和严格管控类的区域、面积及污染因子，分别采取相应管控措施，保障农产品质量安全。根据土地利用变更和土壤环境质量变化情况，定期对各类别耕地面积、分布等信息进行更新。针对不同污染类型的农用地，细化治理与修复工作任务和重点项目。

2.3.3　农用地土壤污染风险管控

针对不同的农用地土壤环境质量类别，分别采取不同的土壤环境保护和风险管控措施。将符合条件的优先保护类耕地划为永久基本农田，实行严格保护。开展地力培肥及退化耕地治理，切实保护耕地土壤环境质量，严格控制在优先保护类耕地集中区域新建有色金属冶炼、石油加工、化工、焦化、电镀、制革等有污染的重点行业企业，加快现有重点行业企业提标升级和技术改造，确保耕地不受污染。对优先保护类耕地面积减少或土壤环境质量下降的区域进行预警提醒，并依法采取环评限批等限制性措施。强化农产品质量检测，采取农艺调控、替代种植等措施，降低农产品超标风险。

严格管控类耕地要按时完成特定农产品禁止生产区域的划定，严禁种植食用农产品。制定实施重度污染耕地种植结构调整或退耕还林还草计划，加强林地、草地、园地土壤环境管理。严格控制林地、草地、园地的农药使用量，禁止使用高毒、高残留农药。加大生物农药、引诱剂的使用推广力度，将重度污染的牧草地集中区域纳入禁牧休牧实施范围。

加强灌溉水水质管理。开展灌溉水水质监测，灌溉用水应符合农田灌溉水水质标准。禁止在农业生产中使用含重金属、难降解有机污染物污水，以及未经检验和安全处理的污水处理厂污泥、清淤底泥、尾矿等。对因长期使用污水灌溉导致土壤污染严重、威胁农产品质量安全的，要及时调整种植结构。对灌溉造成重金属和持久性有机污染的耕地开展治理修复试点示范，探索经验，积极推广。

2.3.4 重污染农用土地调查评估

重度污染农用地转为城镇建设用地的，组织开展土壤环境调查评估，符合用地标准或经治理修复后达标的才能开发利用。暂不开发利用或现阶段不具备治理修复条件的污染农田，划定管控区域，采取有效的污染防治措施，实施土壤环境风险管控。

对规模化养殖、固体废物处理处置、重大污染事故影响区和其他重大污染源影响区内受到污染的农用地，开展土壤污染调查和风险评估。经评估确需治理与修复的，要编制农用地土壤污染治理与修复方案，有序组织实施。

2.3.5 农业污染源头防控

（1）提高化肥、农药利用率，控制农业面源污染。

推行测土配方施肥，鼓励增施有机肥，提高化肥利用率。在现有测土配方施肥已形成的机制、信息服务、精准指导等模式的基础上，扩大测土配方施肥实施范围，实现水稻、玉米等主要农作物和特色农作物全覆盖，实现化肥使用量零增长。按照"精、调、改、替"的技术路径，建立蔬菜、水果化肥减量增效示范区，开展化肥减量增效效果监测和培训，总结经验后推广。加强农用有机肥、化肥质量的检测，禁止使用不合格产品。

大力发展有机农业。发展有机农业是控制农业面源污染的有效途径之一，其遵循自然和生态平衡规律，不施用人工合成的农药、化肥、饲料添加剂等化学物质和基因工程生物及其产物，采取作物秸秆、畜禽粪肥、绿肥和作物轮作以及各种物理、生物和生态措施，使农业得到可持续发展。大力发展有机农业，符合国家关于污染控制与生态环保并重的环保战略要求，是农业面源污染防治的根本措施。

加快高效低毒低残留农药品种的推广应用，在准确诊断病虫害并明确其抗药性水平的基础上，根据病虫监测预报，配方选药，对症用药，避免盲目加大施用剂量和使用次数。培育扶持病虫防治专业化服务组织和新型农业经营主体，推进病虫害统防统治。推广绿色防控，加大杀虫灯、防虫网、有色黏板、生物天敌等绿色防控技术的推广，实现农药使用量零增长。

（2）推行秸秆综合利用技术。

提高农作物秸秆综合利用率。积极开展秸秆还田、在田堆沤、冬种秸秆覆盖、秸秆养畜等技术的研究、应用与推广。在夏季，秸秆机械化直接还田。在秋季，选用农作物秸秆，利用机械粉碎成小段并碾碎，再压缩成块，作为养猪的垫料，形成"秸秆—养猪—有机肥—农田"综合利用模式。

加强秸秆肥料化利用。继续推广普及保护性耕作技术，以实施玉米、水稻、小麦等农作物秸秆直接还田为重点，按照秸秆机械化还田作业标准，科学合理地推行秸秆还田技术。结合秸秆腐熟还田、堆沤还田、生物反应堆以及秸秆有机肥生产等，提高秸秆肥料化利用率。

提高秸秆饲料化利用率。秸秆是牛羊粗饲料的主要来源，要把推进秸秆饲料化与调整畜禽养殖结构结合起来，在粮食主产区和农牧交错区积极培植秸秆养畜产业，鼓励秸秆青贮、氨化、微贮、颗粒饲料等的快速发展。

鼓励秸秆能源化利用。立足于各地秸秆资源分布，结合乡村环境整治和节能减排措施，积极推广秸秆生物气化、热解气化、固化成型、炭化、直燃发电等技术，推进生物质能利用，改善农村能源结构。

推进秸秆基料化利用。大力发展以秸秆为基料的食用菌生产，培育壮大秸秆生产食用菌基料龙头企业、专业合作组织、种植大户，加快建设现代高效生态农业。利用生化处理技术，生产育苗基质、栽培基质，满足集约化育苗、无土栽培和土壤改良的需要，促进农业生态平衡。

探索秸秆原料化利用。围绕现有基础好、技术成熟度高、市场需求量大的重点行业，鼓励生产以秸秆为原料的非木浆纸、木糖醇、包装材料、降解膜、餐具、人造板材、复合材料等产品，大力发展以秸秆为原料的编织加工业，不断提高秸秆高值化、产业化利用水平。

（3）做好水土保持工作，防治污染迁移。

水土流失造成农业面源污染对生态安全构成重大威胁，其污染控制主要通过水土保持措施来完成：一是对污染源系统的控制。通过改善土壤质地、增强土壤团粒结构等表土稳定化措施，或提高植被覆盖度、增加土壤微生物种类等生物措施，来减少污染源系统的通量。二是对污染物运移途径和过程的控制。通过降低地面坡度，以渠道化手段分散径流或降低流速，减弱径流的侵蚀力，从而减少雨水在地面的溢流量。

（4）推广农村生活污水治理。

农村生活污水主要来自厨房炊事用水、沐浴用水、洗涤用水和冲洗厕所用水。一般农村生活污水排放不均匀，水量变化明显。农村生活污水处理技术应该因地制宜，采取多元化处理模式与措施。以分散处理为主，分散处理与集中处理相结合；邻近市政污水管网且满足市政排水管网标准的接入要求，宜接入市政管网统一处理。农村污水处理技术要根据不同地区、不同经济水平，根据村庄所处区位、人口规模、聚集程度、地形地貌、排水特点及排放要求、经济承受能力等具体情况选择。基于农村地区经济基础薄弱、从业人员技术水平和管理水平较低的现状，选择污水处理技术时应特别注重选用简便易行、运行稳定、维护管理方便，利用当地技术和管理力量能够满足正常运行需要的处理工艺。

2.4 生活垃圾源土壤污染防控

2.4.1 生活垃圾的分类收运设施

通过使用清洁能源和原料、开展资源综合利用等措施，在产品生产、流通和使用等全生命周期促进生活垃圾源头减量。推进垃圾分类，推进废弃含汞荧光灯、废温度计、废电池等有害垃圾的单独收运和处理工作，提高可回收物品的回收利用率。建立与垃圾分类、资源化利用以及无害化处理相衔接的生活垃圾投放、收集、运输网络，加大生活垃圾收集力度，因地制宜建设大中型转运站，逐步实施生活垃圾强制分类，加快建设分类收运设施和分类运输体系。鼓励采用压缩式方式收集和运输生活垃圾。结合新农村建设，完善村庄保洁制度，推进农村生活垃圾收集与处理处置。

2.4.2 生活垃圾无害化处理设施

选择先进适用、符合节约集约用地要求的无害化生活垃圾处理技术。加强生活垃圾基础设施建设，实现城市生活垃圾处理设施全覆盖。鼓励集成多种处理技术，统筹解决生活垃圾处理问题。加强垃圾渗滤液和焚烧飞灰的处理处置，推进垃圾填埋场甲烷利用和恶臭处理，重点排污单位应向社会公开垃圾处理处置设施污染物排放情况。

2.4.3 垃圾填埋场排查与整治

对垃圾填埋场和生活垃圾堆放点的运行情况、污染治理现状、周围环境污染状况进行调查和环境风险评估，对存在环境问题和造成污染的处理设施制定治理方案，并实施整治。对渗滤液处理不达标的生活垃圾卫生填埋场，要尽快新建或改造渗滤液处理设施。对于已造成严重土壤和地下水污染的垃圾集中处置设施，要及时开展风险管控和治理修复工作。

2.5 工业固废和危险废物源土壤污染防控

2.5.1 工业废物处理处置

全面整治工业副产石膏、铬渣、除尘产生固体废物的堆存场所，完善防扬散、防流失、防渗漏等设施。对电子废物、废轮胎、废塑料等再生利用活动进行清理整顿，加强收集、运输、储存、拆解和处理等全过程的污染防治，取缔污染严重的非法加工小作坊、"散乱污"企业和集散地，引导有关企业采用先进的加工工艺集聚发展，集中建设和运营污染治理设施，防止污染土壤和地下水。

2.5.2 危险废物处置设施建设和监管

加快各类危险废物集中处置设施建设和资源统筹调配。规范和整顿危险废物产生单位自建储存和处置利用设施，依法整改、淘汰或关停不符合有关要求的处置利用设施。在建设集中处理处置设施的同时，形成比较完善的危险废物专业化处置队伍和监督管理体系，对危险废物的产生、收集、运输、储存、处置等各环节实施全过程管理。推进危险废物鉴定能力实验室的建设，提高危险废物的鉴定能力和管理水平。提高危险废物综合回收利用率，积极研发和推广先进的危险废物处理处置技术，提高危险废物处理处置的工艺技术水平，加快解决危险废物和严控废物协同处理等突出问题。

2.5.3 处置场所土壤治理与修复

对于已造成土壤、地下水污染的工业固体废物和危险废物处置场所及设施，开展土壤环境现状调查和风险评估工作，根据评估结果，开展受污染土壤的风险管控和治理修复工作。

2.6 农药和农膜固废源土壤污染防控

2.6.1 农药包装废弃物回收处理

对于农药包装废弃物的回收处理，坚持谁生产谁负责、谁销售谁回收、谁使用谁交回的原则，通过政府引导、企业责任、农户参与、市场驱动，实现农药包装废弃物的减量化、无害化。探索建立农药包装废弃物回收奖励或使用者押金返还等制度，引导农药使用者主动交回农药包装废弃物。农药包装废弃物集中处置应当由专业处置单位参照危险废物处置的相关技术标准进行无害化集中处置，禁止露天焚烧、擅自填埋。

2.6.2 废弃农膜回收利用

加强废弃农膜的回收利用，建立健全废弃农膜回收贮运和综合利用网络，开展废弃农膜回收利用试点。按照"减量化、资源化、再利用"的循环经济理念，加快推进废弃农膜的回收、再生和资源化利用，力争实现废弃农膜全面回收利用。

2.7　畜禽养殖源土壤污染防控

2.7.1　畜禽养殖源头减排

畜禽养殖污染防治应遵循发展循环经济、低碳经济、生态农业与资源化综合利用的总体发展战略，严格遵守"禁养区"和"限养区"的规定，实现源头减排，提高末端治理效率，实现稳定达标排放和"近零排放"，确保畜禽养殖废弃物有效还田利用，防止二次污染。严格规范兽药、饲料添加剂的生产和使用，建立兽药、饲料添加剂的销售管控体系，防止过量使用和重金属等污染物进入外环境，促进源头减量。

2.7.2　污染物综合利用和处置

加强畜禽粪便的综合利用，规模化畜禽养殖场排放的粪污应实行固液分离，粪便应与废水分开处理和处置，逐步推行干清粪方式。推进畜禽粪便综合利用，建设畜禽废弃物处理设施。对因规模化畜禽养殖污染造成土壤、地下水污染的场所，要开展土壤环境现状调查和风险评估工作，根据评估结果，开展受污染土壤的风险管控和治理修复工作。

2.8　油站和油库源土壤污染防控

2.8.1　加油站土壤污染防治

新建、改建、扩建加油站（点）地下油罐一律使用双层油罐。埋地加油管道应采用双层管道，并设置常规地下水监测点位，防止油品渗漏污染土壤和地下水。若发现油品泄漏，需启动环境预警和开展应急响应。应急响应措施主要有泄漏加油站停运、油品阻隔和泄漏油品回收。

2.8.2　油库土壤污染防治

做好油罐内壁及底板防腐，减少油罐钢板的腐蚀，防止漏油，延长清罐周期，减少含油污水排放。采取有效措施减少油品"跑、冒、滴、漏"现象。建设与其规模相适应的油污水处理设施，并确保其有效运行。排水系统要有能够快速切断的阀门，以确保在事故状态下污水能够得到有效控制，避免污染周边环境。产生的废吸油棉、擦拭设备的废棉布、清罐油泥及废油等危险废物要严格按照危险废物管理有关规定做好暂存、转移和安全处置工作，避免造成土壤污染。

2.9　污泥源土壤污染防控

强化污泥安全处理处置。按照减量化、稳定化、无害化和资源化原则，推进污泥处理处置设施建设。建立污泥产生、运输、储存、处置全过程监管体系，严禁处理处置不达标的污泥进入耕地，全面排查并取缔非法污泥堆放点。污水处理厂污泥处置方式有焚烧、土地利用、填埋、建筑材料综合利用等。污泥土地利用主要包括土地改良和园林绿化等。污泥土地利用时，污泥必须进行稳定化和无害化处理，并达到有关标准和规定。鼓励采用厌氧消化或高温好氧发酵（堆肥）等方式处理污泥。污泥建筑材料综合利用包括用于制作水泥添加料、制砖、制轻质骨料和路基材料等。不具备土地利用和建筑材料综合利用条件的污泥，可采用填埋的处置方式。

2.10　危险化学品仓储设施源土壤污染防控

危险化学品仓储设施布局应纳入区域发展规划、土地利用总体规划和城乡规划中，统筹安排，合理布局。在环境敏感区域内划定特征污染物类重点防控化学品限排区域，一律不得新建、扩建危险化学品储存项目，逐步搬迁已有仓储设施。加大淘汰和限制力度，避免高毒、难降解、高环境危害的化学品进入仓储设施造成环境安全隐患。

2.11　未利用地土壤污染防控

对允许开发的未利用地要按照绿色发展要求，根据土壤环境承载力和区域特点，合理确定未利用地功能定位和空间布局。鼓励工业企业集聚发展，提高土地节约集约利用水平，减少土壤污染。严格执行相关行业企业布局选址要求，禁止在居民区、学校、医疗和养老机构等周边新建有色金属冶炼、化工等行业企业。结合区域功能定位和土壤污染防治需要，科学布局生活垃圾处理、危险废物处置、废弃资源再生利用等设施和场所。

农用地开发项目主要布局在距离城镇工矿较远、自然条件易于开发利用、未利用地资源较丰富集中的区域。拟开发为农用地的，组织开展土壤环境质量状况评估，不符合相应标准的，不得种植食用农产品。对纳入耕地后备资源的未利用地，应定期开展巡查。

建设用地开发项目主要布局在离城镇近、交通便利、基础设施较为完善的区域。在土地利用总体规划确定的有条件建设区和允许建设区范围内，鼓励和引导项目使用未利用地，未利用地土壤环境质量要达到规划建设的功能定位标准，不达标的需经治理与修复后才能利用。

未利用地的开发利用要因地制宜，科学开发，根据土壤现状调查和评价结果，查清未利用地的利用状况、适宜用途以及对生态环境的影响，制定科学和合理的未利用地开发利用功能分区和土地利用规划，节约集约利用新增土地资源，防止造成土壤污染。

2.12　土壤污染防控机制

2.12.1　土壤污染治理与修复制度体系

构建治理修复全过程环境监管制度体系，明确土壤环境调查、风险评估、治理与修复等全过程的监管评估制度。建立多部门间的信息沟通机制，实行联动监管。制定土壤污染治理修复效果长期监管制度，定期展开监测评估，防治土壤二次污染。按照"谁污染，谁治理"的原则，造成土壤污染的单位或个人要承担治理与修复的主体责任。责任主体发生变更的，由变更后继承其债权、债务的单位或个人承担相关责任；土地使用权依法转让的，由土地使用权受让人或双方约定的责任人承担相关责任。责任主体灭失或责任主体不明确的，由政府依法承担相关责任。土地使用权终止的，由原土地使用权人对其使用该地块期间所造成的土壤污染承担相关责任。土壤污染治理与修复实行终身责任制。

依据国家发布的相关管理办法、政策法规、技术导则和标准规范，构建土壤环境调查、风险评估、方案编制、修复工程实施、环境监理、验收和修复效果评估以及修复后土地安全再开发利用全过程的土壤环境监管、土壤污染修复以及相关检测勘查咨询服务的管理制度文件、技术规范和配套标准体系。

治理与修复工程完工后，按照国家有关环境标准和技术规范，开展治理与修复效果评估，编制治理与修复效果评估报告，及时上传并向社会公开。评估报告应当包括治理与修复工程概况、环境保护措施落实情况、治理与修复效果监测结果、评估结论及后续监测建议等内容。落实土壤污染治理与修复终身责任制，并按照国家有关责任追究办法实施责任追究。

强化突发土壤环境事件应急处置管理，健全土壤环境应急管理体系，构建政府、社会、企业多元共建的综合救援应急体系，建立社会化应急救援机制。完善突发环境事件现场指挥与协调制度，以及信息报告和公开机制。健全相关部门应急联动机制，加强信息共享和协调配合。加强突发土壤环境事件调查、突发土壤环境事件环境影响和损失评估制度建设。建立突发环境事件导致的土壤污染和固体废物应急处置的管理制度、技术规范，强化突发事件土壤污染应急处置的软硬件能力。建设重金属、有机物和生物污染土壤应急处置和修复中心，实现不明固体废物倾倒、突发危险品和化学品泄漏、原油泄漏或其他公共安全事件中土壤污染或固体废物的安全处置及治理修复能力。

2.12.2　土壤污染治理与修复全过程监管

严格用地规划及审批。强化土壤污染修复前合理的土地规划用途管理，加大对土地利用总体规划、土地利用年度计划、征地程序、安置补偿、产业政策、节约集约和耕地占补平衡等情况的审查力度，确保建设用地审查审批依法、合规。将建设用地土壤环境管理要求纳入城市规划和供地管理，土地开发利用必须符合土壤环境质量要求。编制土地利用总体规划、城市总体规划、控制性详细规划等相关规划时，应充分考虑污染地块的环境风险，合理确定土地用途，严格用地审批。

构建环境监管标准规范体系。加强环境监管执法能力建设，实现环境监管网格化管理，优化配置监管力量，推动环境监管服务向农村地区延伸。完善环境监管执法人员选拔、培训、考核等制度，充实一线执法队伍，保障执法装备，加强现场执法取证能力，加强环境监管执法队伍职业化建设。

建立健全档案备案制度。依据《污染地块土壤环境管理办法（试行）》，做好疑似污染地块排查活动，建立疑似污染地块名单，完成污染地块土壤环境初步调查，建立污染地块名录，确定污染地块的风险等级，实行动态更新。开展污染地块土壤环境详细调查、风险评估、风险管控、治理修复及其效果评估等工作。

严防土壤修复二次污染。准确把握场地特性，秉持绿色可持续修复理念，选择最佳修复技术和方案。推广原位土壤污染修复治理技术的发展与实际应用，切实加强土壤污染治理修复过程中产生的"三废"管理，防止污染土壤挖掘、堆存等造成二次污染。制定修复过程建设运行维护等相关标准，制定针对二次污染的相关技术标准。确需转运污染土壤的，有关责任单位应提前将运输时间、方式、线路以及污染土壤的数量、去向、最终处置措施等向环保部门报告。修复后的土壤，可以综合利用的，要符合相关标准要求。

2.12.3　修复后安全再利用与跟踪监测

按照绿色发展要求，根据再开发利用土壤环境承载力和区域特点，加强修复后土地的征收、收回、收购以及转让、改变用途等环节的监管。经风险评估对人体健康有严重影响的被污染场地，未经治理修复或治理修复后不符合相关标准的，不得用于居民住宅、学校、幼儿园、医院、养老场所等项目的开发。再开发用地在开展环境影响评价时，增加对土壤环境影响评价内容，提出防范土壤污染的具体措施。暂不开发利用或现阶段不具备治理修复条件的污染地块，设立标志，发布公告，开展土壤、地表水、地下水、空气环境监测。

依据国家土壤污染治理与修复成效评估办法，实行第三方机构对治理修复效果进行评估，定期调度环境质量改善、重点污染物排放、重大工程项目进展情况，依据有关规定将评估结果向社会公开。落实土壤污染治理修复终身责任制，加强对污染地块风险管控、治理修复工程实施情况的日常监管，发现问题依法查处。发挥"跟踪监测"在土地修复后再开发利用中的动态管控作用，包括对规划审批机关、建设项目业主以及环保咨询机构的跟踪监测，明确不同监测对象各自的责任，保障土地再开发利用的顺利进行。

加强土壤环境监测能力建设，配备相应的土壤快速检测等监测、执法设备，添置土壤环境监测分析仪器设备。建立健全监测人员培训制度，每年派技术人员参加土壤环境监测培训，环保、农业各自负责本系统土壤监测人员培训的组织工作。将土壤污染防治作为环境执法的重要内容，充分利用环境监管网络，加强土壤环境日常监管执法。开展重点行业企业专项环境执法，严厉打击非法排放有毒有害污染物、违法违规存放危险化学品、非法处置危险废物、不正常使用污染治理设施、监测数据弄虚作假等违法行为。将土壤环境保护内容纳入突发环境事件应急预案，强化环境应急救援能力建设，加强土壤环境应急专家队伍管理，提高突发环境事件快速响应及应急处置能力。

第 3 章　土壤污染程度评价

3.1　检测分析

3.1.1　监测布点

研究区采用系统随机布点法进行监测点位的布设。将监测区域分成 40 m×40 m 面积相等的若干地块，随机抽取 14 个点位进行监测，每个点位检测的指标为 pH、锌、铅、铜、镉、砷、镍、汞、铬、银。网格化点位如图 3-1 所示。

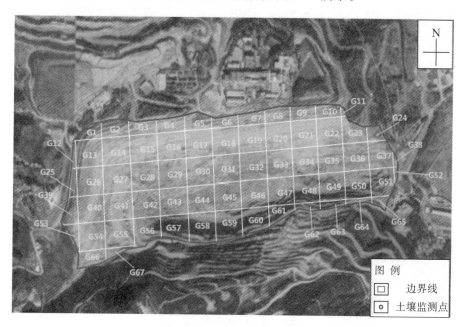

图 3-1　网格化点位示意图

根据系统随机布点法确定监测布点，随机布点取样如图 3-2 所示。

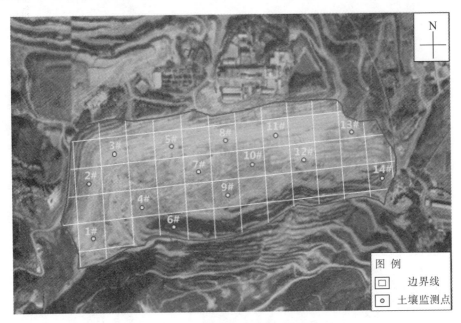

图 3-2　随机布点取样示意图

按照《场地环境监测技术导则》的要求，对照点应尽量选择未受或者少受人类活动影响的表层土壤，且采样深度应尽可能与场地表层土壤采样深度相同。对照点设置在距离调查区域 1 km 以外的三个垂直方向上，每个垂直方向选取两个采样点进行采样，每个垂直方向上两个点位的距离为 50 m，采样深度为 0.5 m，共有 6 个采样点，6 个采样点所检测出的重金属含量的平均值作为背景值。场外对照点布设如图 3-3 所示。

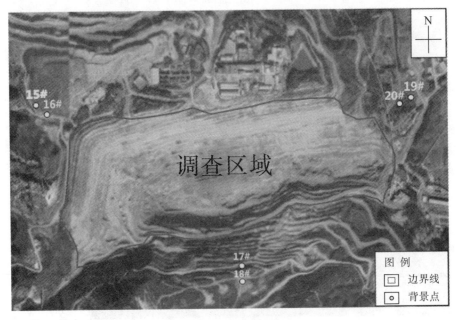

图 3-3　场外对照点布设

3.1.2 检测结果

土壤检测结果见表 3－1，对照点土壤检测结果见表 3－2。

表 3－1 土壤检测结果

监测点位	pH	锌	铅	铜	镉	砷	镍	汞	铬	银
1#－1 (0～0.5 m)	7.0	4330	1720	535	11.8	236	30.8	0.77	95.0	6.31
1#－2 (0.5～1 m)	7.6	402	121	149	1.12	25.1	133	0.28	152	0.656
1#－3 (1～2 m)	7.0	1960	2290	677	46.2	1360	28.6	5.97	96.0	11.4
1#－4 (2～3 m)	7.8	411	83.5	152	0.73	22.2	65.2	0.13	113	0.691
2#－1 (0～0.5 m)	7.5	5280	1670	415	15.5	150	19.5	0.83	76.0	3.66
2#－2 (0.5～1 m)	7.7	584	131	491	4.70	213	11.3	2.22	41.1	2.03
2#－3 (1～2 m)	8.0	1380	1050	1340	4.58	8.23	19.4	0.056	46.3	6.81
2#－4 (2～3 m)	7.8	405	96.7	70	0.99	20.2	47.9	0.070	93.0	0.248
3#－1 (0～0.5 m)	7.6	4670	1160	440	18.4	84.7	27.8	1.03	88.2	3.24
3#－2 (0.5～1 m)	7.5	6080	1590	657	13.5	234	20.2	1.30	83.0	2.61
3#－3 (1～2 m)	7.6	2470	96.1	1050	5.90	34.4	9.24	0.24	44.4	3.99
3#－4 (2～3 m)	7.6	503	62	228	1.37	18.1	47.2	0.20	96.3	1.19
4#－1 (0～0.5 m)	7.5	2480	1010	372	9.16	63.3	25.6	0.57	84.2	3.30
4#－2 (0.5～1 m)	7.6	1230	94.7	993	2.81	21.3	7.76	0.10	33.0	2.32
4#－3 (1～2 m)	7.7	981	72.5	1780	3.12	13.8	8.07	0.051	33.4	3.61
4#－4 (2～3 m)	7.5	616	50.8	658	1.26	10.3	36.4	0.055	74.1	1.39
5#－1 (0～0.5 m)	7.3	3070	1220	498	10.1	75.5	26.8	0.66	83.9	3.82
5#－2 (0.5～1 m)	7.3	4370	1470	494	14.0	97.4	34.5	1.03	89.6	3.52
5#－3 (1～2 m)	7.5	1550	86.3	798	3.48	23.2	16.3	0.066	41.1	3.07
5#－4 (2～3 m)	7.5	301	75.5	74	0.75	11.5	60.1	0.056	164	1.06
6#－1 (0～0.5 m)	7.3	1960	599	478	5.25	58.5	16.6	0.36	59.6	3.35
6#－2 (0.5～1 m)	7.5	1650	127	355	3.71	12.5	7.74	0.052	26.7	1.98
6#－3 (1～2 m)	7.6	2250	133	636	5.07	26.2	8.30	0.081	35.7	3.76
6#－4 (2～3 m)	7.6	152	13.7	58.2	0.52	7.16	59.1	0.096	107	0.678
7#－1 (0～0.5 m)	7.3	1520	574	447	4.86	48.1	31.8	0.26	118	3.26

监测点位	pH	锌	铅	铜	镉	砷	镍	汞	铬	银
7#-2 (0.5~1 m)	7.4	2420	1040	459	7.11	74.7	34.1	0.58	101	3.47
7#-3 (1~2 m)	7.4	3710	220	824	8.79	40.6	10.8	0.15	44.4	3.97
7#-4 (2~3 m)	7.6	423	60.4	176	0.99	25.6	34.5	0.065	75.5	1.91
8#-1 (0~0.5 m)	7.4	2270	138	432	8.82	138	7.61	1.09	31.8	2.81
8#-2 (0.5~1 m)	7.4	3210	1300	530	5.60	54.3	26.4	0.13	97.5	2.42
8#-3 (1~2 m)	7.6	2300	347	1080	5.16	20.3	10.9	0.090	34.3	6.65
8#-4 (2~3 m)	7.6	208	15.2	76	0.73	7.01	58.0	0.095	98.2	1.05
9#-1 (0~0.5 m)	7.5	2630	1280	507	7.03	89.9	31.0	0.74	109	4.00
9#-2 (0.5~1 m)	7.7	470	90.3	472	0.85	8.12	8.97	0.035	26.8	1.32
9#-3 (1~2 m)	7.6	917	184	421	2.28	16.5	9.24	0.064	31.6	2.55
9#-4 (2~3 m)	7.5	1500	142	505	3.90	16.1	9.34	0.055	39.3	2.92
10#-1 (0~0.5 m)	7.5	1230	395	322	4.15	42.9	43.0	0.22	110	2.93
10#-2 (0.5~1 m)	7.6	993	175	321	2.26	18.0	13.2	0.039	41.7	6.07
10#-3 (1~2 m)	7.6	1660	137	472	3.69	12.1	10.3	0.044	40.6	3.40
10#-4 (2~3 m)	7.4	3500	174	1520	8.82	56.3	13.3	0.30	56.9	4.68
11#-1 (0~0.5 m)	7.6	1050	419	251	3.05	55.8	63.0	0.31	118	1.17
11#-2 (0.5~1 m)	7.5	1740	651	316	5.40	69.9	46.0	1.26	114	1.75
11#-3 (1~2 m)	7.4	2240	777	415	6.89	66.9	43.1	0.64	97.2	5.31
11#-4 (2~3 m)	7.4	3640	310	1530	8.48	32.7	17.0	0.38	71.5	6.41
12#-1 (0~0.5 m)	7.3	943	180	453	2.25	16.2	19.0	0.071	58.3	3.30
12#-2 (0.5~1 m)	7.4	1220	132	510	2.79	16.3	9.56	0.047	33.4	2.70
12#-3 (1~2 m)	7.3	1260	106	384	2.71	10.7	9.14	0.040	39.2	2.20
12#-4 (2~3 m)	7.3	2260	289	554	5.19	30.8	13.2	0.22	37.0	6.81
13#-1 (0~0.5 m)	7.5	1800	772	324	6.13	59.8	53.1	0.39	120	3.33
13#-2 (0.5~1 m)	7.5	1580	583	296	5.51	54.1	62.4	0.41	124	1.50
13#-3 (1~2 m)	7.4	1540	609	282	5.25	59.9	71.9	0.41	112	2.67
13#-4 (2~3 m)	7.2	1440	586	289	5.17	50.8	65.8	0.38	131	3.21
14#-1 (0~0.5 m)	7.5	100	14.7	48.3	0.30	5.26	64.0	0.025	115	1.26
14#-2 (0.5~1 m)	7.6	691	158	131	1.92	14.4	127	0.12	205	0.426

续表3—1

监测点位	pH	锌	铅	铜	镉	砷	镍	汞	铬	银
14#-3 (1～2 m)	7.4	485	121	101	1.52	14.7	134	0.13	177	未检出
14#-4 (2～3 m)	7.3	387	109	89	1.23	15.1	141	0.15	156	未检出

注：含量单位 pH 无量纲，其余均为 mg/kg。

表 3—2　对照点土壤检测结果

检测项目	pH	锌	铅	铜	镉	砷	镍	汞	铬	银
15#-1 (0～0.5 m)	7.5	376	99.0	246	1.58	17.3	90.0	0.26	144	0.95
16#-1 (0～0.5 m)	7.7	319	44.9	409	1.52	40.0	83.0	0.25	127	0.35
17#-1 (0～0.5 m)	7.6	630	153	369	1.97	19.7	88.0	0.18	148	2.42
18#-1 (0～0.5 m)	7.6	197	39.9	89.8	0.99	16.5	133	0.09	241	1.07
19#-1 (0～0.5 m)	7.6	505	255	64.9	1.69	13.0	133	0.17	238	2.18
20#-1 (0～0.5 m)	7.5	218	49.6	72.9	0.81	24.7	128	0.18	267	1.20
平均值	7.58	374.2	106.9	208	1.43	21.9	109.2	0.19	194.2	1.36

注：含量单位 pH 无量纲，其余均为 mg/kg。

3.2　数据统计分析

研究区 14 个监测点位（每个点位选取 A、B、C、R 四层土壤进行采样检测），运用 SPSS 软件对 Cd、Hg、As、Cu、Pb、Cr、Zn、Ni、Ag 九种重金属元素的含量数据进行分析，主要分析的内容有平均值、最小值、最大值、标准差和变异系数。

平均值公式如下：

$$\bar{X} = \frac{X_1 + X_2 + X_3 + \cdots + X_n}{n} \qquad (3-1)$$

标准差公式如下：

$$S = \sqrt{\frac{\sum_{i=1}^{n}(X_i - X)^2}{n}} \qquad (3-2)$$

变异系数公式如下：

$$CV = \frac{S}{\bar{X}} \qquad (3-3)$$

3.2.1 A层数据统计分析

A层土壤重金属含量数据统计分析见表3−3。

表3−3 A层土壤重金属含量数据统计分析

监测点位	锌 (mg/kg)	铅 (mg/kg)	铜 (mg/kg)	镉 (mg/kg)	砷 (mg/kg)	镍 (mg/kg)	汞 (mg/kg)	铬 (mg/kg)	银 (mg/kg)
1	4330	1720	535	11.8	236	30.8	0.77	95	6.31
2	5280	1670	415	15.5	150	19.5	0.83	76	3.66
3	4670	1160	440	18.4	84.7	27.8	1.03	88.2	3.24
4	2480	1010	372	9.16	63.3	25.6	0.57	84.2	3.3
5	3070	1220	498	10.1	75.5	26.8	0.66	83.9	3.82
6	1960	599	478	5.25	58.5	16.6	0.36	59.6	3.35
7	1520	574	447	4.86	48.1	31.8	0.26	118	3.26
8	2270	138	432	8.82	138	7.61	1.09	31.8	2.81
9	2630	1280	507	7.03	89.9	31	0.74	109	4
10	1230	395	322	4.15	42.9	43	0.22	110	2.93
11	1050	419	251	3.05	55.8	63	0.31	118	1.17
12	943	180	453	2.25	16.2	19	0.071	58.3	3.3
13	1800	772	324	6.13	59.8	53.1	0.39	120	3.33
14	100	14.7	48.3	0.301	5.26	64	0.025	115	1.26
平均值	2380.93	796.55	394.45	7.63	80.28	32.83	0.52	90.50	3.27
最小值	100	14.7	48.3	0.301	5.26	7.61	0.025	31.8	1.17
最大值	5280	1720	535	18.4	236	64	1.09	120	6.31
标准差	1454.66	536.15	122.86	4.91	57.65	16.45	0.33	26.00	1.17
变异系数	0.61	0.67	0.31	0.64	0.72	0.50	0.63	0.29	0.36
背景值	374.17	106.9	208.6	1.43	21.87	109.2	0.19	194.17	1.36

在A层土壤中，14个点位均检测出了锌、铅、铜、镉、砷、镍、汞、铬和银九种重金属。其中，土壤Zn含量最大值为5280 mg/kg，是背景值的14.11倍；平均值为2380.93 mg/kg，是背景值的6.36倍，均远大于背景值374.17 mg/kg，说明土壤受到Zn的污染。土壤Pb含量最大值为1720 mg/kg，是背景值的16.09倍；平均值为796.55 mg/kg，是背景值的7.45倍，均远大于背景值106.9 mg/kg，说明土壤受到Pb的污染。土壤Cu含量最大值为535 mg/kg，是背景值的2.56倍；平均值为

394.45 mg/kg，是背景值的 1.89 倍，均大于背景值 208.6 mg/kg，说明土壤受到 Cu 的污染。土壤 Cd 含量最大值为 18.4 mg/kg，是背景值的 12.87 倍；平均值为 7.63 mg/kg，是背景值的 5.34 倍，均远大于背景值 1.43 mg/kg，说明土壤受到 Cd 的污染。土壤 As 含量最大值为 236 mg/kg，是背景值的 10.79 倍；平均值为 80.28 mg/kg，是背景值的 3.67 倍，均大于背景值 21.87 mg/kg，说明土壤受到 As 的污染。土壤 Ni 含量最大值为 64 mg/kg，是背景值的 0.59 倍；平均值为 32.83 mg/kg，是背景值的 0.3 倍，倍数均没有超过 1，均小于背景值 109.2 mg/kg，说明 A 层土壤并未受到 Ni 的污染。土壤 Hg 含量最大值为 1.09 mg/kg，是背景值的 5.74 倍；平均值为 0.52 mg/kg，是背景值的 2.74 倍，均大于背景值 0.19 mg/kg，说明土壤受到 Hg 的污染。土壤 Cr 含量最大值为 120 mg/kg，是背景值的 0.62 倍；平均值为 90.50 mg/kg，是背景值的 0.47 倍，倍数均没有超过 1，均小于背景值 194.17 mg/kg，说明 A 层土壤并未受到 Cr 的污染。土壤 Ag 含量最大值为 6.31 mg/kg，是背景值的 4.64 倍；平均值为 3.27 mg/kg，是背景值的 2.4 倍，均大于背景值 1.36 mg/kg，说明土壤受到 Ag 的污染。综上所述，在 A 层土壤中，土壤受到 Zn、Pb、Cu、Cd、As、Hg、Ag 七种重金属元素的污染，Ni 和 Cr 元素并未对 A 层土壤造成污染。锌、铅、铜、镉、砷、镍、汞、铬和银九种重金属的浓度分析如图 3-4 所示。

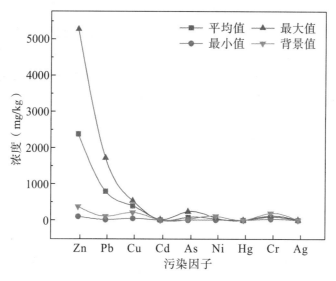

图 3-4　A 层土壤重金属浓度分析

在 A 层土壤中，Zn、Pb、Cu 的浓度变化比较大，其中 Zn 和 Pb 的浓度变化最大，最值相差分别为 5180 mg/kg 和 1705.3 mg/kg；Hg 和 Ag 的浓度变化最小，最值相差分别为 1.065 mg/kg 和 5.14 mg/kg。重金属浓度倍数关系如图 3-5 所示。

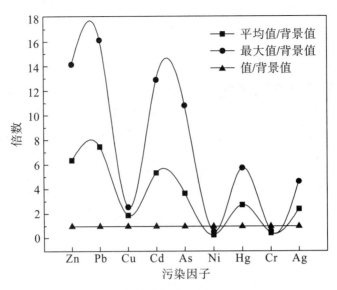

图 3-5　A 层土壤重金属浓度倍数关系

在 A 层土壤中，Zn、Pb、Cd、As 相对于背景值超出 10 倍以上，说明受污染程度最深；其次是 Cu、Hg、Ag，相对于背景值超出数倍，说明已经产生污染；Ni 和 Cr 低于背景值，因此初步判定未产生污染。

变异系数是最直观的能够反映各点位重金属含量差异的数值，变异系数越大，各个点位重金属的含量差异也就越大。土壤重金属含量数据分析显示，变异系数从大到小的顺序为 As>Pb>Cd>Hg>Zn>Ni>Ag>Cu>Cr，即 As 含量差异相对最大，Cr 含量差异相对最小。各重金属元素变异系数如图 3-6 所示。

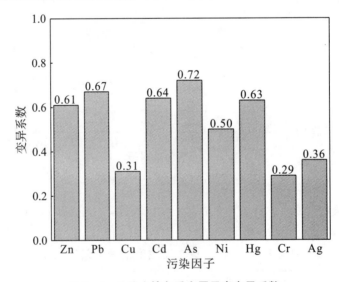

图 3-6　A 层土壤各重金属元素变异系数

Zn、Pb、Cu、Cd、As、Ni、Hg、Cr、Ag 九种重金属元素的变异系数均超过了 0.15，说明在 A 层土壤中，各个点位的重金属含量差异比较大，存在局部污染十分严重的问题。为了更直观地展示出研究区单个重金属高低浓度的分布情况，本书运用

Surfer 软件绘制重金属污染等高线图，以监测点的经、纬度为 X 轴和 Y 轴，单个重金属的浓度作为 Z 轴，建立数据文件。因为在 Kriging 插值法中，差值点的值就是样本点的值，因此本书选用 Kriging 插值法进行数据处理，绘制等高线图，以此确定研究区域各重金属的分布情况。由于 14 个检测点位中，大部分点位的 pH 大于 7.5，因此在绘制重金属浓度等值线图时，Zn、Pb、Cu、Cd、As、Ni、Hg、Cr 八种元素选用《土壤环境质量农用地土壤污染风险管控标准（试行）》（征求意见稿）（环办标征函〔2018〕3号）所规定的第四类风险筛选值作为分界值；Ag 元素选用《展览会用地土壤环境质量评价标准（暂行）》（HJ 350—2007）中的 A 级标准作为分界值，其值为 39 mg/kg；A 层重金属浓度总分布图选用九种重金属元素的平均值作为分界值，以下各层土壤的分界值均采用此标准。A 层土壤各重金属元素分布情况如图 3－7 所示。

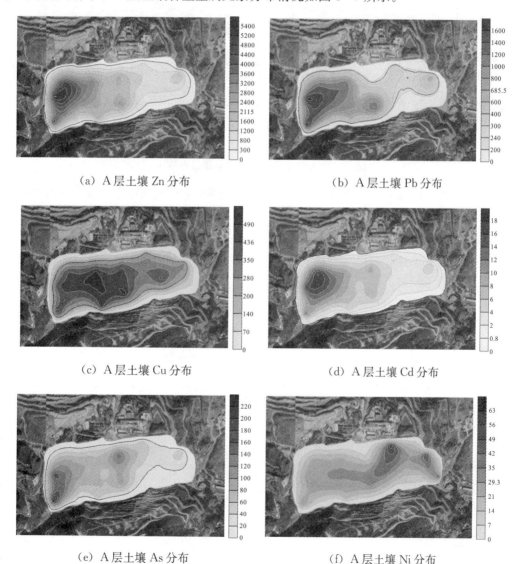

（a）A 层土壤 Zn 分布　　　　　　（b）A 层土壤 Pb 分布

（c）A 层土壤 Cu 分布　　　　　　（d）A 层土壤 Cd 分布

（e）A 层土壤 As 分布　　　　　　（f）A 层土壤 Ni 分布

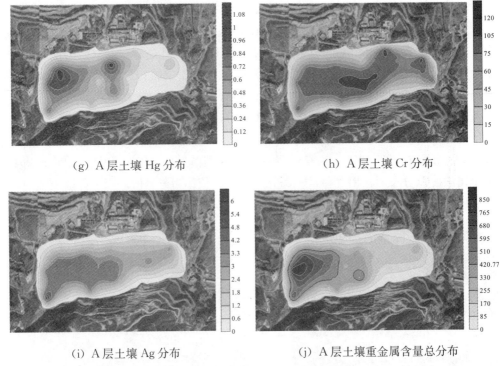

（g）A 层土壤 Hg 分布　　　　　　　　（h）A 层土壤 Cr 分布

（i）A 层土壤 Ag 分布　　　　　　　　（j）A 层土壤重金属含量总分布

图 3-7　A 层土壤各重金属元素分布情况

　　研究区各重金属浓度等值线图所呈现出的颜色越均匀，说明该重金属元素分布越均匀；每张等值线图颜色相差越大，说明污染越集中，颜色越深，说明浓度越高。因此，在 A 层土壤中，除了 Cu、Cr 分布相对较均匀，其余重金属元素的分布并不均匀，高浓度主要集中在几个点位。结合前面的网格化点位图，并以每张图的黑色轮廓线为分界点，可以大致了解研究区重金属的分布点位。A 层土壤各重金属元素高浓度区域分布见表 3-4。

表 3-4　A 层土壤各重金属元素高浓度区域分布

项目	分界值	高浓度区域
Zn	300 mg/kg	G14、G26、G27、G28、G40、G41、G54
Pb	240 mg/kg	G26、G27、G28、G40、G41、G45、G54
Cu	200 mg/kg	G14、G16、G27、G28、G29、G30、G31、G34、G42、G43、G44、G45、G54、G57
Cd	0.8 mg/kg	G14、G26、G27、G28、G40、G41
As	20 mg/kg	G18、G26、G40、G54
Ni	190 mg/kg	G8、G20、G23、G32、G36、G51
Hg	1.0 mg/kg	G14、G18、G26、G27、G28、G31
Cr	250 mg/kg	G8、G20、G23、G27、G28、G29、G30、G31、G32、G33、G36、G41、G42、G43、G44、G45、G46、G51、G54

项目	分界值	高浓度区域
Ag	39 mg/kg	G26、G27、G28、G29、G30、G31、G40、G41、G42、G43、G44、G45、G54、G57
平均值	420.77 mg/kg	G14、G26、G27、G28、G29、G40、G41、G42、G45、G54

在 A 层土壤中，Zn 元素的含量范围为 100~5280 mg/kg，大部分网格的浓度超出分界值 300 mg/kg，高浓度主要集中在 G14、G26、G27、G28、G40、G41、G54；Pb 元素的含量范围为 14.7~1720 mg/kg，大部分网格的浓度超出分界值 240 mg/kg，高浓度主要集中在 G26、G27、G28、G40、G41、G45、G54；Cu 元素的含量范围为 48.3~535 mg/kg，大部分网格的浓度超出分界值 200 mg/kg，高浓度主要集中在 G14、G16、G27、G28、G29、G30、G31、G34、G42、G43、G44、G45、G54、G57；Cd 元素的含量范围为 0.301~18.4 mg/kg，所有网格的浓度都超出分界值 0.8 mg/kg，高浓度主要集中在 G14、G26、G27、G28、G40、G41；As 元素的含量范围为 5.26~236 mg/kg，大部分网格的浓度超出分界值 20 mg/kg，高浓度主要集中在 G18、G26、G40、G54；Ni 元素的含量范围为 7.61~64 mg/kg，所有网格的浓度均未超出分界值 190 mg/kg，在整个研究区域中，G8、G20、G23、G32、G36、G51 的浓度相对较高；Hg 元素的含量范围为 0.025~1.09 mg/kg，只有两个网格的浓度超出分界值 1.0 mg/kg，高浓度主要集中在 G14、G18、G26、G27、G28、G31；Cr 元素的含量范围为 31.8~120 mg/kg，所有网格的浓度均未超出分界值 250 mg/kg，在整个研究区域中，G8、G20、G23、G27、G28、G29、G30、G31、G32、G33、G36、G41、G42、G43、G44、G45、G46、G51、G54 的浓度相对较高；Ag 元素的含量范围为 1.17~6.31 mg/kg，所有网格的浓度均未超出分界值 39 mg/kg，在整个研究区域中，G26、G27、G28、G29、G30、G31、G40、G41、G42、G43、G44、G45、G54、G57 的浓度相对较高。总体来看，研究区 A 层土壤的重金属高浓度主要集中在 G14、G26、G27、G28、G29、G40、G41、G42、G45、G54。

3.2.2 B 层数据统计分析

B 层土壤重金属含量数据统计分析见表 3-5。

表 3-5 B 层土壤重金属含量数据统计分析

监测点位	锌 (mg/kg)	铅 (mg/kg)	铜 (mg/kg)	镉 (mg/kg)	砷 (mg/kg)	镍 (mg/kg)	汞 (mg/kg)	铬 (mg/kg)	银 (mg/kg)
1	402	121	149	1.12	25.1	133	0.28	152	0.656
2	584	131	491	4.7	213	11.3	2.22	41.1	2.03
3	6080	1590	657	13.5	234	20.2	1.3	83	2.61

监测点位	锌 (mg/kg)	铅 (mg/kg)	铜 (mg/kg)	镉 (mg/kg)	砷 (mg/kg)	镍 (mg/kg)	汞 (mg/kg)	铬 (mg/kg)	银 (mg/kg)
4	1230	94.7	993	2.81	21.3	7.76	0.1	33	2.32
5	4370	1470	494	14	97.4	34.5	1.03	89.6	3.52
6	1650	127	355	3.71	12.5	7.74	0.052	26.7	1.98
7	2420	1040	459	7.11	74.7	34.1	0.58	101	3.47
8	3210	1300	530	5.6	54.3	26.4	0.13	97.5	2.42
9	470	90.3	472	0.849	8.12	8.97	0.035	26.8	1.32
10	993	175	321	2.26	18	13.2	0.039	41.7	6.07
11	1740	651	316	5.4	69.9	46	1.26	114	1.75
12	1220	132	510	2.79	16.3	9.56	0.047	33.4	2.7
13	1580	583	296	5.51	54.1	62.4	0.41	124	1.5
14	691	158	131	1.92	14.4	127	0.12	205	0.426
平均值	1902.86	547.36	441.00	5.09	65.22	38.72	0.54	83.49	2.34
最小值	402	90.3	131	0.849	8.12	7.74	0.035	26.7	0.426
最大值	6080	1590	993	14	234	133	2.22	205	6.07
标准差	1580.38	545.63	208.81	3.96	69.95	40.43	0.64	51.83	1.35
变异系数	0.83	1.00	0.47	0.78	1.07	1.04	1.18	0.62	0.58
背景值	374.17	106.9	208.6	1.43	21.87	109.2	0.19	194.17	1.36

在 B 层土壤中，14 个点位均检测出了锌、铅、铜、镉、砷、镍、汞、铬和银九种重金属。其中，土壤 Zn 含量最大值为 6080 mg/kg，是背景值的 16.25 倍；平均值为 1092.86 mg/kg，是背景值的 5.09 倍，均远大于背景值 374.17 mg/kg，说明土壤受到 Zn 的污染。土壤 Pb 含量最大值为 1590 mg/kg，是背景值的 14.87 倍；平均值为 547.36 mg/kg，是背景值的 5.12 倍，均远大于背景值 106.9 mg/kg，说明土壤受到 Pb 的污染。土壤 Cu 含量最大值为 993 mg/kg，是背景值的 4.76 倍；平均值为 441.00 mg/kg，是背景值的 2.11 倍，均大于背景值 208.6 mg/kg，说明土壤受到 Cu 的污染。土壤 Cd 含量最大值为 14 mg/kg，是背景值的 9.79 倍；平均值为 5.09 mg/kg，是背景值的 3.56 倍，均大于背景值 1.43 mg/kg，说明土壤受到 Cd 的污染。土壤 As 含量最大值为 234 mg/kg，是背景值的 10.7 倍；平均值为 65.22 mg/kg，是背景值的 2.98 倍，均大于背景值 21.87 mg/kg，说明土壤受到 As 的污染。土壤 Ni 含量最大值为 133 mg/kg，是背景值的 1.22 倍；平均值为 38.72 mg/kg，是背景值的 0.35 倍，最大值大于背景值 109.2 mg/kg，平均值小于背景值，说明个别点位可能受到 Ni 的污染。土壤 Hg 含量最大值为 2.22 mg/kg，是背景值的 11.68 倍；平均值为 0.54 mg/kg，是

背景值的 2.84 倍，均远大于背景值 0.19 mg/kg，说明土壤受到 Hg 的污染。土壤 Cr 含量最大值为 205 mg/kg，是背景值的 1.06 倍；平均值为 83.49 mg/kg，是背景值的 0.43 倍，最大值大于背景值 194.17 mg/kg，平均值小于背景值，说明个别点位可能受到 Cr 的污染。土壤 Ag 含量最大值为 6.07 mg/kg，是背景值的 4.46 倍；平均值为 2.34 mg/kg，是背景值的 1.72 倍，均大于背景值 1.36 mg/kg，说明土壤受到 Ag 的污染。综上所述，在 B 层土壤中，土壤受到 Zn、Pb、Cu、Cd、As、Hg、Ag 七种重金属元素的污染，Ni 和 Cr 元素可能对 B 层土壤造成了一定的污染，但污染程度并不深。锌、铅、铜、镉、砷、镍、汞、铬和银九种重金属的浓度分析如图 3-8 所示。

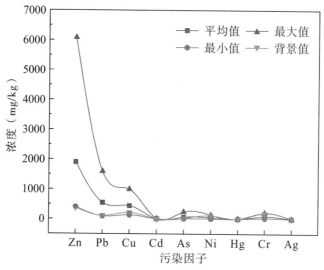

图 3-8　B 层土壤重金属浓度分析

在 B 层土壤中，Zn、Pb、Cu 的浓度变化比较大，其中 Zn 和 Pb 的浓度变化最大，最值相差分别为 5678 mg/kg 和 1499.7 mg/kg；Hg 和 Ag 的浓度变化最小，最值相差分别为 2.185 mg/kg 和 5.644 mg/kg。重金属浓度倍数关系如图 3-9 所示。

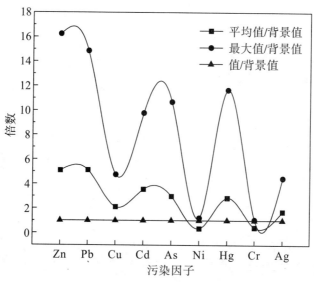

图 3-9　B 层土壤重金属浓度倍数关系

在 B 层土壤中，Zn、Pb、As、Hg 相对于背景值超出 10 倍以上，说明受污染程度最深；其次是 Cu、Cd、Ni、Cr、Ag，相对于背景值超出数倍，说明已经产生污染。

土壤重金属含量数据分析显示，变异系数从大到小的顺序为 Hg>As>Ni>Pb>Zn>Cd>Cr>Ag>Cu，即 Hg 含量差异相对最大，Cu 含量差异相对最小。各重金属元素变异系数如图 3-10 所示。

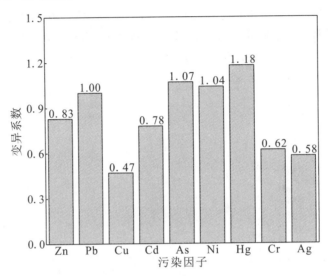

图 3-10　B 层土壤各重金属元素变异系数

Zn、Pb、Cu、Cd、As、Ni、Hg、Cr、Ag 九种重金属元素的变异系数均超过了 0.15，说明在 B 层土壤中，各个点位的重金属含量差异比较大，存在局部污染十分严重的问题。B 层土壤各重金属元素分布情况如图 3-11 所示。

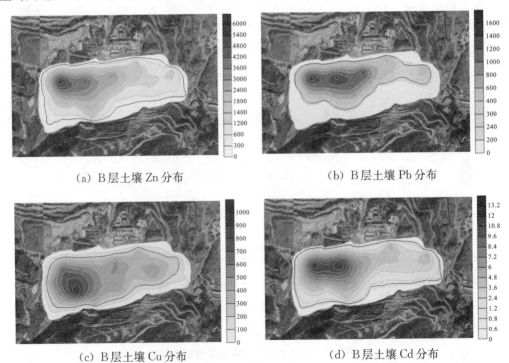

（a）B 层土壤 Zn 分布　　　　　　　（b）B 层土壤 Pb 分布

（c）B 层土壤 Cu 分布　　　　　　　（d）B 层土壤 Cd 分布

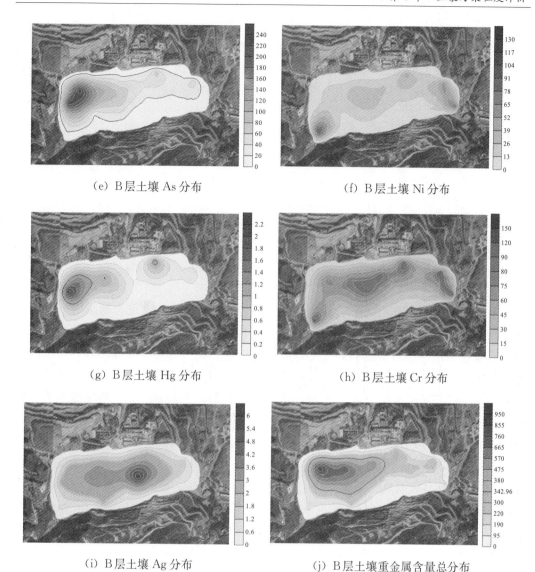

（e）B 层土壤 As 分布　　　　　　　（f）B 层土壤 Ni 分布

（g）B 层土壤 Hg 分布　　　　　　　（h）B 层土壤 Cr 分布

（i）B 层土壤 Ag 分布　　　　　　（j）B 层土壤重金属含量总分布

图 3-11　B 层土壤各重金属元素分布情况

在 B 层土壤中，除了 Cr 分布相对较均匀，其余重金属元素的分布并不均匀，高浓度主要集中在几个点位。结合前面的网格化点位图，B 层土壤各重金属元素高浓度区域分布见表 3-6。

表 3-6　B 层土壤各重金属元素高浓度区域分布

项目	分界值	高浓度区域
Zn	300 mg/kg	G14、G15、G16、G27、G28、G29
Pb	240 mg/kg	G14、G15、G16、G17、G18、G27、G28、G29、G30、G31
Cu	200 mg/kg	G27、G28、G29、G41、G42、G43

项目	分界值	高浓度区域
Cd	0.8 mg/kg	G14、G15、G16、G27、G28、G29、G30
As	20 mg/kg	G14、G26、G27、G28
Ni	190 mg/kg	G23、G51、G54
Hg	1.0 mg/kg	G8、G14、G26、G27、G40
Cr	250 mg/kg	G14、G16、G17、G18、G20、G23、G29、G30、G31、G36、G51、G54
Ag	39 mg/kg	G28、G29、G30、G31、G32、G33、G34
平均值	342.96 mg/kg	G14、G15、G16、G17、G18、G27、G28、G29、G30

在 B 层土壤中，Zn 元素的含量范围为 402～6080 mg/kg，大部分网格的浓度超出分界值 300 mg/kg，高浓度主要集中在 G14、G15、G16、G27、G28、G29；Pb 元素的含量范围为 90.3～1590 mg/kg，大部分网格的浓度超出分界值 240 mg/kg，高浓度主要集中在 G14、G15、G16、G17、G18、G27、G28、G29、G30、G31；Cu 元素的含量范围为 131～993 mg/kg，大部分网格的浓度超出分界值 200 mg/kg，高浓度主要集中在 G27、G28、G29、G41、G42、G43；Cd 元素的含量范围为 0.849～14 mg/kg，大部分网格的浓度超出分界值 0.8 mg/kg，高浓度主要集中在 G14、G15、G16、G27、G28、G29、G30；As 元素的含量范围为 8.12～234 mg/kg，大部分网格的浓度超出分界值 20 mg/kg，高浓度主要集中在 G14、G26、G27、G28；Ni 元素的含量范围为 7.74～133 mg/kg，所有网格的浓度均未超出分界值 190 mg/kg，在整个研究区域中，G23、G51、G54 的浓度相对较高；Hg 元素的含量范围为 0.035～2.22 mg/kg，极少网格的浓度超过分界值 1.0 mg/kg，高浓度主要集中在 G8、G14、G26、G27、G40；Cr 元素的含量范围为 26.7～205 mg/kg，所有网格的浓度均未超出分界值 250 mg/kg，在整个研究区域中，G14、G16、G17、G18、G20、G23、G29、G30、G31、G36、G51、G54 的浓度相对较高；Ag 元素的含量范围为 0.426～6.07 mg/kg，所有网格的浓度均未超出分界值 39 mg/kg，在整个研究区域中，G28、G29、G30、G31、G32、G33、G34 的浓度相对较高。总体来看，研究区 B 层土壤的重金属高浓度主要集中在 G14、G15、G16、G17、G18、G27、G28、G29、G30。

3.2.3 C 层数据统计分析

C 层土壤重金属含量数据统计分析见表 3—7。

表 3-7　C 层土壤重金属含量数据统计分析

监测点位	锌(mg/kg)	铅(mg/kg)	铜(mg/kg)	镉(mg/kg)	砷(mg/kg)	镍(mg/kg)	汞(mg/kg)	铬(mg/kg)	银(mg/kg)
1	1960	2290	677	46.2	1360	28.6	5.97	96	11.4
2	1380	1050	1340	4.58	8.23	19.4	0.056	46.3	6.81
3	2470	96.1	1050	5.9	34.4	9.24	0.24	44.4	3.99
4	981	72.5	1780	3.12	13.8	8.07	0.051	33.4	3.61
5	1550	86.3	798	3.48	23.2	16.3	0.066	41.1	3.07
6	2250	133	636	5.07	26.2	8.3	0.081	35.7	3.76
7	3710	220	824	8.79	40.6	10.8	0.15	44.4	3.97
8	2300	347	1080	5.16	20.3	10.9	0.09	34.3	6.65
9	917	184	421	2.28	16.5	9.24	0.064	31.6	2.55
10	1660	137	472	3.69	12.1	10.3	0.044	40.6	3.4
11	2240	777	415	6.89	66.9	43.1	0.64	97.2	5.31
12	1260	106	384	2.71	10.7	9.14	0.04	39.2	2.2
13	1540	609	282	5.25	59.9	71.9	0.41	112	2.67
14	485	121	101	1.52	14.7	134	0.13	177	0
平均值	1764.50	444.92	732.86	7.47	121.97	27.81	0.57	62.37	4.24
最小值	485	72.5	101	1.52	8.23	8.07	0.04	31.6	0
最大值	3710	2290	1780	46.2	1360	134	5.97	177	11.4
标准差	781.41	587.78	439.30	10.90	343.81	34.17	1.51	41.06	2.61
变异系数	0.44	1.32	0.60	1.46	2.82	1.23	2.62	0.66	0.61
背景值	374.17	106.9	208.6	1.43	21.87	109.2	0.19	194.17	1.36

在 C 层土壤中，13 个点位均检测出了锌、铅、铜、镉、砷、镍、汞、铬和银九种重金属，只有点位 14 没有检测出银元素。其中，土壤 Zn 含量最大值为 3710 mg/kg，是背景值的 9.92 倍；平均值为 1764.50 mg/kg，是背景值的 4.72 倍，均远大于背景值 374.17 mg/kg，说明土壤受到 Zn 的污染。土壤 Pb 含量最大值为 2290 mg/kg，是背景值的 21.42 倍；平均值为 444.92 mg/kg，是背景值的 4.16 倍，均远大于背景值 106.9 mg/kg，说明土壤受到 Pb 的污染。土壤 Cu 含量最大值为 1780 mg/kg，是背景值的 8.53 倍；平均值为 732.86 mg/kg，是背景值的 3.51 倍，均大于背景值 208.6 mg/kg，说明土壤受到 Cu 的污染。土壤 Cd 含量最大值为 46.2 mg/kg，是背景

值的 32.31 倍；平均值为 7.47 mg/kg，是背景值的 5.34 倍，均远大于背景值 1.43 mg/kg，说明土壤受到 Cd 的污染。土壤 As 含量最大值为 1360 mg/kg，是背景值的 62.19 倍；平均值为 121.97 mg/kg，是背景值的 5.58 倍，均远大于背景值 21.87 mg/kg，说明土壤受到 As 的污染。土壤 Ni 含量最大值为 134 mg/kg，是背景值的 1.23 倍；平均值为 27.81 mg/kg，是背景值的 0.25 倍，最大值超过了背景值 109.2 mg/kg，平均值没有超过背景值，说明个别点位可能受到 Ni 的污染。土壤 Hg 含量最大值为 5.97 mg/kg，是背景值的 31.42 倍；平均值为 0.57 mg/kg，是背景值的 3 倍，均大于背景值 0.19 mg/kg，说明土壤受到 Hg 的污染。土壤 Cr 含量最大值为 177 mg/kg，是背景值的 0.91 倍；平均值为 62.37 mg/kg，是背景值的 0.32 倍，均没有超过背景值 194.17 mg/kg，说明 C 层土壤并未受到 Cr 的污染。土壤 Ag 含量最大值为 11.4 mg/kg，是背景值的 8.38 倍；平均值为 4.24 mg/kg，是背景值的 3.12 倍，均大于背景值 1.36 mg/kg，说明土壤受到 Ag 的污染。综上所述，在 C 层土壤中，土壤受到 Zn、Pb、Cu、Cd、As、Hg、Ag 七种重金属元素的污染，Ni 元素可能对 C 层土壤造成污染，但污染程度并不深，而 Cr 元素并未对 C 层土壤造成污染。锌、铅、铜、镉、砷、镍、汞、铬和银九种重金属的浓度分析如图 3-12 所示。

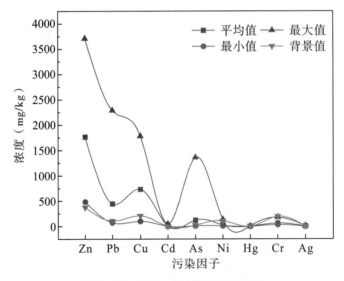

图 3-12　C 层土壤重金属浓度分析

在 C 层土壤中，Zn、Pb、Cu、As 的浓度变化比较大，最值相差分别为 3225 mg/kg、2217.5 mg/kg、1679 mg/kg 和 1351.77 mg/kg；Hg 和 Ag 的浓度变化最小，最值相差分别为 5.93 mg/kg 和 11.4 mg/kg。重金属浓度倍数关系如图 3-13 所示。

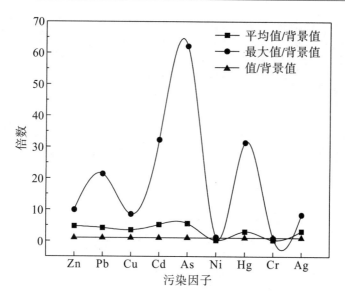

图 3-13　C 层土壤重金属浓度倍数关系

在 C 层土壤中，Pb、Cd、As、Hg 相对于背景值超出 10 倍以上，说明受污染程度最深；其次是 Zn、Cu、Ni、Ag，相对于背景值超出数倍，说明已经产生污染；Cr 低于背景值，因此初步判定未产生污染。

土壤重金属含量数据分析显示，变异系数从大到小的顺序为 As＞Hg＞Cd＞Pb＞Ni＞Cr＞Ag＞Cu＞Zn，即 As 含量差异相对最大，Zn 含量差异相对最小。各重金属元素变异系数如图 3-14 所示。

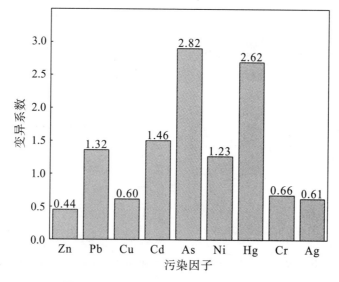

图 3-14　C 层土壤各重金属元素变异系数

Zn、Pb、Cu、Cd、As、Ni、Hg、Cr、Ag 九种重金属元素的变异系数均超过了 0.15，说明在 C 层土壤中，各个点位的重金属含量差异比较大，存在局部污染十分严重的问题。C 层土壤各重金属元素分布情况如图 3-15 所示。

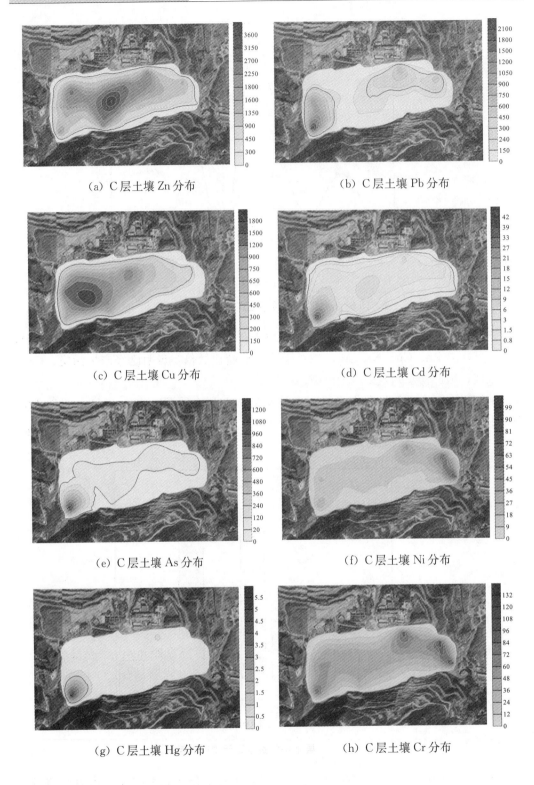

（a）C 层土壤 Zn 分布　　　　　　　（b）C 层土壤 Pb 分布

（c）C 层土壤 Cu 分布　　　　　　　（d）C 层土壤 Cd 分布

（e）C 层土壤 As 分布　　　　　　　（f）C 层土壤 Ni 分布

（g）C 层土壤 Hg 分布　　　　　　　（h）C 层土壤 Cr 分布

（i）C 层土壤 Ag 分布　　　　　　（j）C 层土壤重金属含量总分布

图 3-15　C 层土壤各重金属元素分布情况

在 C 层土壤中，除了 Zn 和 Cu 分布相对较均匀，其余重金属元素的分布并不均匀，高浓度主要集中在几个点位。结合前面的网格化点位图，C 层土壤各重金属元素高浓度区域分布见表 3-8。

表 3-8　C 层土壤各重金属元素高浓度区域分布

项目	分界值	高浓度区域
Zn	300 mg/kg	G14、G18、G27、G28、G29、G30、G31、G43、G44
Pb	240 mg/kg	G8、G23、G26、G40、G54
Cu	200 mg/kg	G18、G26、G27、G28、G29、G41、G42、G43
Cd	0.8 mg/kg	G54
As	20 mg/kg	G40、G54、G55
Ni	190 mg/kg	G8、G23、G36、G51
Hg	1.0 mg/kg	G40、G41、G54、G55
Cr	250 mg/kg	G8、G20、G36、G51、G54
Ag	39 mg/kg	G18、G26、G27、G40、G41、G51
平均值	351.86 mg/kg	G18、G20、G26、G27、G28、G29、G30、G31、G40、G41、G42、G43、G44、G54

在 C 层土壤中，Zn 元素的含量范围为 485～3710 mg/kg，大部分网格的浓度超出分界值 300 mg/kg，高浓度主要集中在 G14、G18、G27、G28、G29、G30、G31、G43、G44；Pb 元素的含量范围为 72.5～2290 mg/kg，小部分网格的浓度超出分界值 240 mg/kg，高浓度主要集中在 G8、G23、G26、G40、G54；Cu 元素的含量范围为 101～1780 mg/kg，大部分网格的浓度超出分界值 200 mg/kg，高浓度主要集中在 G18、G26、G27、G28、G29、G41、G42、G43；Cd 元素的含量范围为 1.52～46.2 mg/kg，大部分网格的浓度超出分界值 0.8 mg/kg，高浓度主要集中在 G54；As 元素的含量范围为 8.23～1360 mg/kg，大约半数网格的浓度超出分界值 20 mg/kg，高浓度主要集中在 G40、G54、G55；Ni 元素的含量范围为 8.07～134 mg/kg，所有网格

的浓度均未超出分界值 190 mg/kg，在整个研究区域中，G8、G23、G36、G51 的浓度相对较高；Hg 元素的含量范围为 0.04～5.97 mg/kg，个别网格的浓度超出分界值 1.0 mg/kg，高浓度主要集中在 G40、G41、G54、G55；Cr 元素的含量范围为 31.6～177 mg/kg，所有网格的浓度均未超出分界值 250 mg/kg，在整个研究区域中，G8、G20、G36、G51、G54 的浓度相对较高；Ag 元素的含量范围为 0～11.4 mg/kg，所有网格的浓度均未超出分界值 39 mg/kg，在整个研究区域中，G18、G26、G27、G40、G41、G51 的浓度相对较高。总体来看，研究区 C 层土壤的重金属高浓度主要集中在 G18、G20、G26、G27、G28、G29、G30、G31、G40、G41、G42、G43、G44、G54。

3.2.4　R 层数据统计分析

R 层土壤重金属含量数据统计分析见表 3-9。

表 3-9　R 层土壤重金属含量数据统计分析

监测点位	锌(mg/kg)	铅(mg/kg)	铜(mg/kg)	镉(mg/kg)	砷(mg/kg)	镍(mg/kg)	汞(mg/kg)	铬(mg/kg)	银(mg/kg)
1	411	83.5	152	0.73	22.2	65.2	0.13	113	0.691
2	405	96.7	70	0.989	20.2	47.9	0.07	93	0.248
3	503	62	228	1.37	18.1	47.2	0.2	96.3	1.19
4	616	50.8	658	1.26	10.3	36.4	0.055	74.1	1.39
5	301	75.5	74	0.755	11.5	60.1	0.056	164	1.06
6	152	13.7	58.2	0.52	7.16	59.1	0.096	107	0.678
7	423	60.4	176	0.995	25.6	34.5	0.065	75.5	1.91
8	208	15.2	76	0.728	7.01	58	0.095	98.2	1.05
9	1500	142	505	3.9	16.1	9.34	0.055	39.3	2.92
10	3500	174	1520	8.82	56.3	13.3	0.3	56.9	4.68
11	3640	310	1530	8.48	32.7	17	0.38	71.5	6.41
12	2260	289	554	5.19	30.8	13.2	0.22	37	6.81
13	1440	586	289	5.17	50.8	65.8	0.38	131	3.21
14	387	109	89	1.23	15.1	141	0.15	156	0
平均值	1124.71	147.70	427.09	2.87	23.13	47.72	0.16	93.77	2.30
最小值	152	13.7	58.2	0.52	7.01	9.34	0.055	37	0
最大值	3640	586	1530	8.82	56.3	141	0.38	164	6.81
标准差	1154.87	149.39	486.21	2.83	14.60	32.53	0.11	37.35	2.14
变异系数	1.03	1.01	1.14	0.99	0.63	0.68	0.71	0.40	0.93
背景值	374.17	106.9	208.6	1.43	21.87	109.2	0.19	194.17	1.36

在 R 层土壤中，13 个点位均检测出了锌、铅、铜、镉、砷、镍、汞、铬和银九种重金属，只有点位 14 没有检测出银元素。其中，土壤 Zn 含量最大值为 3640 mg/kg，是背景值的 9.73 倍；平均值为 1124.71 mg/kg，是背景值的 3.01 倍，均远大于背景值 374.17 mg/kg，说明土壤受到 Zn 的污染。土壤 Pb 含量最大值为 586 mg/kg，是背景值的 5.48 倍；平均值为 147.70 mg/kg，是背景值的 1.38 倍，均大于背景值 106.9 mg/kg，说明土壤受到 Pb 的污染。土壤 Cu 含量最大值为 1530 mg/kg，是背景值的 7.33 倍；平均值为 427.09 mg/kg，是背景值的 2.05 倍，均大于背景值 208.6 mg/kg，说明土壤受到 Cu 的污染。土壤 Cd 含量最大值为 8.82 mg/kg，是背景值的 6.17 倍；平均值为 2.87 mg/kg，是背景值的 2.01 倍，均大于背景值 1.43 mg/kg，说明土壤受到 Cd 的污染。土壤 As 含量最大值为 56.3 mg/kg，是背景值的 2.57 倍；平均值为 23.13 mg/kg，是背景值的 1.06 倍，均大于背景值 21.87 mg/kg，说明土壤受到 As 的污染。土壤 Ni 含量最大值为 141 mg/kg，是背景值的 1.29 倍；平均值为 47.72 mg/kg，是背景值的 0.44 倍，最大值大于背景值 109.2 mg/kg，平均值小于背景值，说明个别点位可能受到 Ni 的污染。土壤 Hg 含量最大值为 0.38 mg/kg，是背景值的 2 倍；平均值为 0.16 mg/kg，是背景值的 0.84 倍，最大值大于背景值 0.19 mg/kg，平均值小于背景值，说明个别点位可能受到 Hg 的污染。土壤 Cr 含量最大值为 164 mg/kg，是背景值的 0.62 倍；平均值为 93.77 mg/kg，是背景值的 0.47 倍，均没有超过背景值 194.17 mg/kg，说明土壤并没有受到 Cr 的污染。土壤 Ag 含量最大值为 6.81 mg/kg，是背景值的 4.64 倍；平均值为 2.30 mg/kg，是背景值的 2.4 倍，均大于背景值 1.36 mg/kg，说明土壤受到 Ag 的污染。综上所述，在 R 层土壤中，土壤受到 Zn、Pb、Cu、Cd、As、Ag 六种重金属元素的污染，Ni 和 Hg 元素可能对 R 层土壤造成污染，但污染程度并不深，而 Cr 元素并未对 R 层土壤造成污染。锌、铅、铜、镉、砷、镍、汞、铬和银九种重金属的浓度分析如图 3-16 所示。

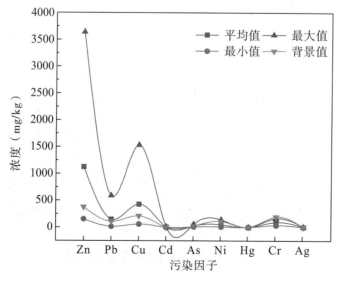

图 3-16　R 层土壤重金属浓度分析

在 R 层土壤中，Zn、Pb、Cu 的浓度变化比较大，其中 Zn 和 Cu 的浓度变化最大，最值相差分别为 3488 mg/kg 和 1471.8 mg/kg；Hg 和 Ag 的浓度变化最小，最值相差分别为 0.325 mg/kg 和 6.81 mg/kg。重金属浓度倍数关系如图 3-17 所示。

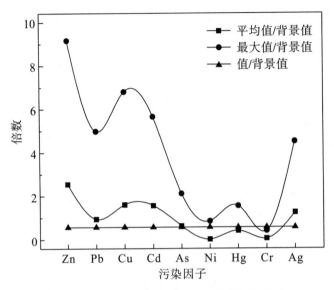

图 3-17　R 层土壤重金属浓度倍数关系

在 R 层土壤中，Zn、Pb、Cu、Cd、As、Ni、Hg、Ag 八种重金属元素相对于背景值超出数倍，说明已经产生污染；Cr 低于背景值，因此初步判定未产生污染。

土壤重金属含量数据分析显示，变异系数从大到小的顺序为 Cu>Zn>Pb>Cd>Ag>Hg>Ni>As>Cr，即 Cu 含量差异相对最大，Cr 含量差异相对最小。各重金属元素变异系数如图 3-18 所示。

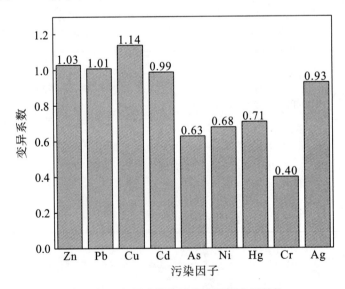

图 3-18　R 层土壤各重金属元素变异系数

Zn、Pb、Cu、Cd、As、Ni、Hg、Cr、Ag 九种重金属元素的变异系数均超过了

0.15，说明在 R 层土壤中，各个点位的重金属含量差异比较大，存在局部污染十分严重的问题。R 层土壤各重金属元素分布情况如图 3-19 所示。

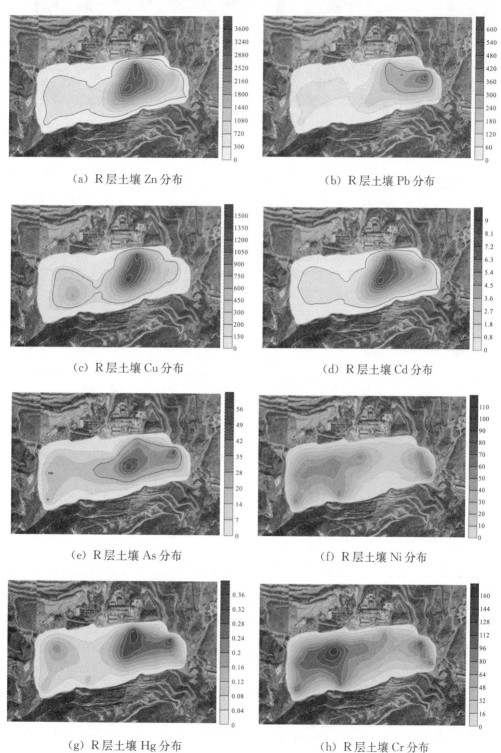

(a) R 层土壤 Zn 分布　　　　　　　　(b) R 层土壤 Pb 分布

(c) R 层土壤 Cu 分布　　　　　　　　(d) R 层土壤 Cd 分布

(e) R 层土壤 As 分布　　　　　　　　(f) R 层土壤 Ni 分布

(g) R 层土壤 Hg 分布　　　　　　　　(h) R 层土壤 Cr 分布

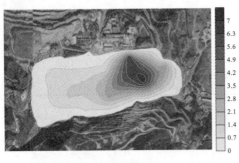 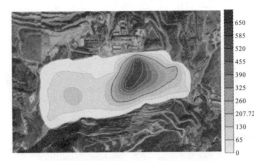

（i）R 层土壤 Ag 分布   （j）R 层土壤重金属含量总分布

图 3—19　R 层土壤各重金属元素分布情况

在 R 层土壤中，除了 Ni 和 Cr 分布相对较均匀，其余重金属元素的分布并不均匀，高浓度主要集中在几个点位。结合前面的网格化布点图，R 层土壤各重金属元素高浓度区域分布见表 3—10。

表 3—10　R 层土壤各重金属元素高浓度区域分布

项目	分界值	高浓度区域
Zn	300 mg/kg	G8、G19、G20、G21、G32、G33、G34、G46、G47
Pb	240 mg/kg	G20、G21、G22、G23、G34、G35、G36
Cu	200 mg/kg	G8、G19、G20、G21、G32、G33、G34、G46、G47
Cd	0.8 mg/kg	G8、G19、G20、G21、G32、G33、G34、G35、G36、G45、G46、G47
As	20 mg/kg	G20、G23、G31、G32、G33、G34、G35、G36、G46
Ni	190 mg/kg	G16、G18、G23、G27、G28、G29、G36、G51、G54、G57
Hg	1.0 mg/kg	G8、G19、G20、G21、G23、G32、G33、G34、G35、G36
Cr	250 mg/kg	G15、G16、G17、G23、G27、G28、G29、G30、G36、G43、G51、G54、G57
Ag	39 mg/kg	G8、G20、G21、G33、G34、G35、G48
平均值	207.72 mg/kg	G8、G19、G20、G21、G32、G33、G34、G46

在 R 层土壤中，Zn 元素的含量范围为 152~3640 mg/kg，超过半数网格的浓度超出分界值 300 mg/kg，高浓度主要集中在 G8、G19、G20、G21、G32、G33、G34、G46、G47；Pb 元素的含量范围为 13.7~586 mg/kg，小部分网格的浓度超出分界值 240 mg/kg，高浓度主要集中在 G20、G21、G22、G23、G34、G35、G36；Cu 元素的含量范围为 58.2~1530 mg/kg，大部分网格的浓度超出分界值 200 mg/kg，高浓度主要集中在 G8、G19、G20、G21、G32、G33、G34、G46、G47；Cd 元素的含量范围为 0.52~8.82 mg/kg，大部分网格的浓度超出分界值 0.8 mg/kg，高浓度主要集中在 G8、G19、G20、G21、G32、G33、G34、G35、G36、G45、G46、G47；As 元素的含量范围为 7.01~56.3 mg/kg，小部分网格的浓度超出分界值 20 mg/kg，高浓度主要集中

中在 G20、G23、G31、G32、G33、G34、G35、G36、G46；Ni 元素的含量范围为
9.34~141 mg/kg，所有网格的浓度均未超出分界值 190 mg/kg，在整个研究区域中，
G16、G18、G23、G27、G28、G29、G36、G51、G54、G57 的浓度相对较高；Hg 元
素的含量范围为 0.055~0.38 mg/kg，所有网格的浓度均未超出分界值 1.0 mg/kg，在
整个研究区域中，G8、G19、G20、G21、G23、G32、G33、G34、G35、G36 的浓度
相对较高；Cr 元素的含量范围为 37~164 mg/kg，所有网格的浓度均未超出分界值
250 mg/kg，G15、G16、G17、G23、G27、G28、G29、G30、G36、G43、G51、
G54、G57 的浓度相对较高；Ag 元素的含量范围为 0~6.81 mg/kg，所有网格的浓度
均未超出分界值 39 mg/kg，在整个研究区域中，G8、G20、G21、G33、G34、G35、
G48 的浓度相对较高。总体来看，研究区 R 层土壤的重金属高浓度主要集中在 G8、
G19、G20、G21、G32、G33、G34、G46。

3.2.5　均值数据统计分析

土壤重金属平均含量数据统计分析见表 3-11。

表 3-11　土壤重金属平均含量数据统计分析

监测点位	锌 (mg/kg)	铅 (mg/kg)	铜 (mg/kg)	镉 (mg/kg)	砷 (mg/kg)	镍 (mg/kg)	汞 (mg/kg)	铬 (mg/kg)	银 (mg/kg)
1	1775.75	1053.6	378.25	14.96	410.83	64.40	1.79	114.00	4.76
2	1912.25	736.93	579.00	6.44	97.86	24.53	0.79	64.10	3.19
3	3430.75	727.03	593.75	9.79	92.80	26.11	0.69	77.98	2.76
4	1326.75	307.00	950.75	4.09	27.18	19.46	0.19	56.18	2.66
5	2322.75	712.95	466.00	7.08	51.90	34.43	0.45	94.65	2.87
6	1503.00	218.18	381.80	3.64	26.09	22.94	0.15	57.25	2.44
7	2018.25	473.60	476.50	5.44	47.25	27.80	0.26	84.73	3.15
8	1997.00	450.05	529.50	5.08	54.90	25.73	0.35	65.45	3.23
9	1379.25	424.08	476.25	3.51	32.66	14.64	0.22	51.68	2.70
10	1845.75	220.25	658.75	4.73	32.33	19.95	0.15	62.30	4.27
11	2167.50	539.25	628.00	5.96	56.33	42.28	0.65	100.18	3.66
12	1420.75	176.75	475.25	3.24	18.50	12.73	0.09	41.98	3.75
13	1590.00	637.50	297.75	5.52	56.15	63.30	0.40	121.75	2.68
14	415.75	100.68	92.33	1.24	12.37	116.5	0.11	163.25	0.42
平均值	1793.25	484.13	498.85	5.77	72.65	36.77	0.45	82.53	3.04

监测点位	锌 (mg/kg)	铅 (mg/kg)	铜 (mg/kg)	镉 (mg/kg)	砷 (mg/kg)	镍 (mg/kg)	汞 (mg/kg)	铬 (mg/kg)	银 (mg/kg)
最小值	415.75	100.68	92.33	1.24	12.37	12.73	0.09	41.98	0.42
最大值	3430.75	1053.6	950.75	14.96	410.83	116.5	1.79	163.25	4.76
标准差	641.54	259.71	188.87	3.21	96.87	26.95	0.43	32.18	0.97
变异系数	0.36	0.54	0.38	0.56	1.33	0.73	0.96	0.39	0.32
背景值	374.17	106.9	208.6	1.43	21.87	109.2	0.19	194.17	1.36

在平均土壤层中，14个点位均检测出了锌、铅、铜、镉、砷、镍、汞、铬和银九种重金属。其中，土壤 Zn 含量最大值为 3430.75 mg/kg，是背景值的 9.17 倍；平均值为 1793.25 mg/kg，是背景值的 4.79 倍，均大于背景值 374.17 mg/kg，说明土壤受到 Zn 的污染。土壤 Pb 含量最大值为 1053.6 mg/kg，是背景值的 9.86 倍；平均值为 484.13 mg/kg，是背景值的 4.53 倍，均大于背景值 106.9 mg/kg，说明土壤受到 Pb 的污染。土壤 Cu 含量最大值为 950.75 mg/kg，是背景值的 4.56 倍；平均值为 498.85 mg/kg，是背景值的 2.39 倍，均大于背景值 208.6 mg/kg，说明土壤受到 Cu 的污染。土壤 Cd 含量最大值为 14.96 mg/kg，是背景值的 10.46 倍；平均值为 5.77 mg/kg，是背景值的 4.03 倍，均大于背景值 1.43 mg/kg，说明土壤受到 Cd 的污染。土壤 As 含量最大值为 410.83 mg/kg，是背景值的 18.79 倍；平均值为 72.65 mg/kg，是背景值的 3.32 倍，均大于背景值 21.87 mg/kg，说明土壤受到 As 的污染。土壤 Ni 含量最大值为 116.5 mg/kg，是背景值的 1.07 倍；平均值为 36.77 mg/kg，是背景值的 0.34 倍，最大值大于背景值 109.2 mg/kg，平均值小于背景值，说明个别点位可能受到 Ni 的污染。土壤 Hg 含量最大值为 1.79 mg/kg，是背景值的 9.42 倍；平均值为 0.45 mg/kg，是背景值的 2.37 倍，均大于背景值 0.19 mg/kg，说明土壤受到 Hg 的污染。土壤 Cr 含量最大值为 163.25 mg/kg，是背景值的 0.84 倍；平均值为 82.53 mg/kg，是背景值的 0.43 倍，都没有超过背景值 194.17 mg/kg，说明研究区土壤并未受到 Cr 的污染。土壤 Ag 含量最大值为 4.76 mg/kg，是背景值的 3.5 倍；平均值为 3.04 mg/kg，是背景值的 2.24 倍，均大于背景值 1.36 mg/kg，说明土壤受到 Ag 的污染。综上所述，在研究区土壤中，土壤受到 Zn、Pb、Cu、Cd、As、Hg、Ag 七种重金属元素的污染，Ni 元素可能对研究区土壤造成污染，但污染程度并不深，而 Cr 元素并未对研究区土壤造成污染。锌、铅、铜、镉、砷、镍、汞、铬和银九种重金属的浓度分析如图 3—20 所示。

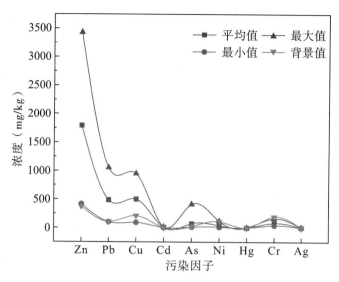

图 3-20　研究区土壤重金属浓度分析

在平均土壤层中，Zn、Pb、Cu、As 的浓度变化比较大，最值相差分别为
3015 mg/kg、952.92 mg/kg、858.42 mg/kg 和 398.46 mg/kg；Hg 和 Ag 的浓度变化
最小，最值相差分别为 1.7 mg/kg 和 4.34 mg/kg。重金属浓度倍数关系如图 3-21
所示。

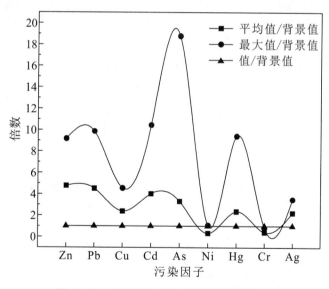

图 3-21　研究区土壤重金属浓度倍数关系

在平均土壤层中，Cd 和 As 相对于背景值超出 10 倍以上，说明受污染程度最深；
其次是 Zn、Pb、Cu、Ni、Hg、Ag，相对于背景值超出数倍，说明已经产生污染；Cr
低于背景值，因此初步判定未产生污染。

土壤重金属含量数据分析显示，变异系数从大到小的顺序为 As＞Hg＞Ni＞Cd＞
Pb＞Cr＞Cu＞Zn＞Ag，即 As 含量差异相对最大，Ag 含量差异相对最小，各重金属元
素变异系数如图 3-22 所示。

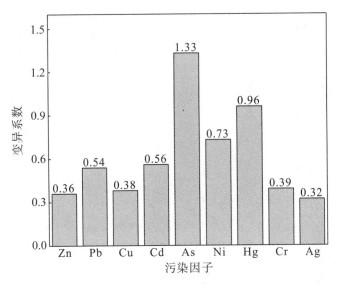

图 3-22　研究区土壤各重金属元素变异系数

Zn、Pb、Cu、Cd、As、Ni、Hg、Cr、Ag 九种重金属元素的变异系数均超过了 0.15，说明在平均土壤层中，各个点位的重金属含量差异比较大，存在局部污染十分严重的问题。平均土壤层各重金属元素分布情况如图 3-23 所示。

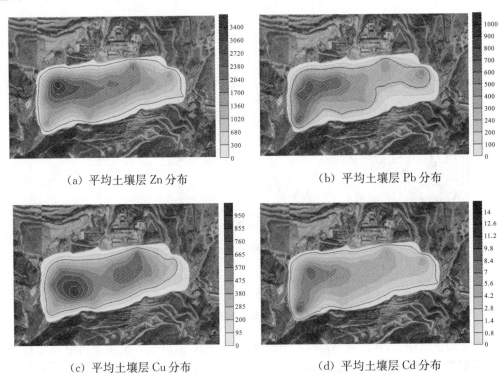

（a）平均土壤层 Zn 分布　　　　　　（b）平均土壤层 Pb 分布

（c）平均土壤层 Cu 分布　　　　　　（d）平均土壤层 Cd 分布

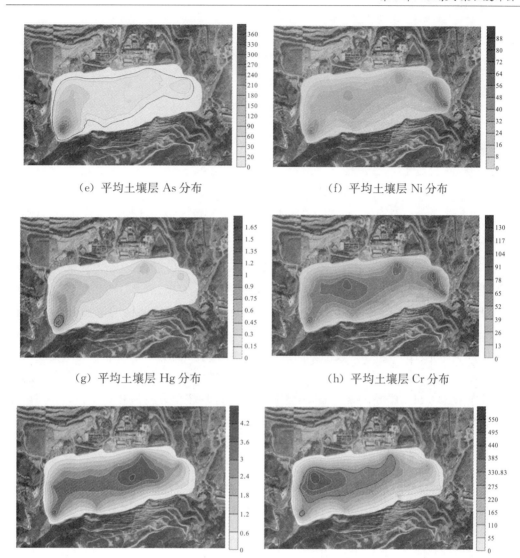

(e) 平均土壤层 As 分布　　　　　　　　(f) 平均土壤层 Ni 分布

(g) 平均土壤层 Hg 分布　　　　　　　　(h) 平均土壤层 Cr 分布

(i) 平均土壤层 Ag 分布　　　　　　　(j) 平均土壤层重金属含量总分布

图 3-23　平均土壤层各重金属元素分布情况

　　在平均土壤层中，除了 Zn、Cu、Cr、Ag 分布相对较均匀，其余重金属元素的分布并不均匀，高浓度主要集中在几个点位。结合前面的网格化布点图，平均土壤层各重金属元素高浓度区域分布见表 3-12。

表 3-12　平均土壤层各重金属元素高浓度区域分布

项目	分界值	高浓度区域
Zn	300 mg/kg	G14、G15、G26、G27、G28、G29、G30
Pb	240 mg/kg	G14、G26、G27、G28、G29、G54
Cu	200 mg/kg	G20、G26、G27、G28、G29、G31、G32、G33、G41、G42、G43
Cd	0.8 mg/kg	G14、G26、G27、G28、G40、G41、G54

项目	分界值	高浓度区域
As	20 mg/kg	G40、G41、G54、G55
Ni	190 mg/kg	G23、G36、G51、G54
Hg	1.0 mg/kg	G54
Cr	250 mg/kg	G8、G20、G23、G27、G28、G29、G30、G36、G51、G54
Ag	39 mg/kg	G20、G27、G28、G29、G30、G31、G32、G33、G34、G54
平均值	330.83 mg/kg	G14、G15、G20、G26、G27、G28、G29、G30、G31、G41、G42、G43、G44、G54

在平均土壤层中，Zn元素的含量范围为415.75~3430.75 mg/kg，大部分网格的浓度超出分界值300 mg/kg，高浓度主要集中在G14、G15、G26、G27、G28、G29、G30；Pb元素的含量范围为100.68~1053.6 mg/kg，大部分网格的浓度超出分界值240 mg/kg，高浓度主要集中在G14、G26、G27、G28、G29、G54；Cu元素的含量范围为92.33~950.75 mg/kg，大部分网格的浓度超出分界值200 mg/kg，高浓度主要集中在G20、G26、G27、G28、G29、G31、G32、G33、G41、G42、G43；Cd元素的含量范围为1.24~14.96 mg/kg，几乎所有网格的浓度均超出分界值0.8 mg/kg，高浓度主要集中在G14、G26、G27、G28、G40、G41、G54；As元素的含量范围为12.37~410.83 mg/kg，大部分网格的浓度超出分界值20 mg/kg，高浓度主要集中在G40、G41、G54、G55；Ni元素的含量范围为12.73~116.5 mg/kg，所有网格的浓度均未超出分界值190 mg/kg，在整个研究区域中，G23、G36、G51、G54的浓度相对较高；Hg元素的含量范围为0.09~1.79 mg/kg，只有一个网格的浓度超出分界值1.0 mg/kg，高浓度主要集中在G54；Cr元素的含量范围为41.98~163.25 mg/kg，所有网格的浓度均未超出分界值250 mg/kg，在整个研究区域中，G8、G20、G23、G27、G28、G29、G30、G36、G51、G54的浓度相对较高；Ag元素的含量范围为0.42~4.76 mg/kg，所有网格的浓度均未超出分界值39 mg/kg，在整个研究区域中，G20、G27、G28、G29、G30、G31、G32、G33、G34、G54的浓度相对较高。总体来看，平均土壤层的重金属高浓度主要集中在G14、G15、G20、G26、G27、G28、G29、G30、G31、G41、G42、G43、G44、G54。

3.3　土壤重金属元素含量界定

对重金属元素各个点位的平均含量进行界定时，选用《土壤环境质量农用地土壤污染风险管控标准（试行）》（征求意见稿）（环办标征函〔2018〕3号）所规定的风险筛选值以及研究区土壤背景值为界定标准，具体标准值见表3-13。

表 3—13　土壤各重金属元素风险筛选值

序号	污染物项目		风险筛选值（mg/kg）			
			pH≤5.5	5.5<pH≤6.5	6.5<pH≤7.5	pH>7.5
1	镉	水田	0.3	0.4	0.6	0.8
		其他	0.3	0.3	0.3	0.6
2	汞	水田	0.5	0.5	0.6	1.0
		其他	1.3	1.8	2.4	3.4
3	砷	水田	30	30	25	20
		其他	40	40	30	25
4	铅	水田	80	100	140	240
		其他	70	90	120	170
5	铬	水田	250	250	300	350
		其他	150	150	200	250
6	铜	水田	150	150	200	200
		其他	50	50	100	100
7	镍		60	70	100	190
8	锌		200	200	250	300

注：Ag 选用的标准值是根据《展览会用地土壤环境质量评价标准（暂行）》（HJ 350—2007）A 级标准所得，其值为 39 mg/kg。

各点位元素的平均值作为各重金属的实测值，以研究区背景值和国家标准值作为界定标准对重金属元素进行界定，下面具体说明各重金属元素的界定。

14 个检测点位中，每个检测点位 Zn 元素的实测含量均不同程度地高于背景值和标准值，其中点位 3 的实测含量远远高于背景值和标准值，并且这个点位的 Zn 元素含量最高，造成的污染程度也最高，而点位 14 的实测含量只是略微高于背景值和标准值，因此点位 14 的 Zn 元素污染可能相对较轻。Zn 元素的界定如图 3—24 所示。

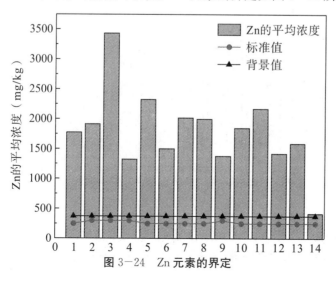

图 3—24　Zn 元素的界定

14 个检测点位中，有 13 个检测点位显示 Pb 元素的实测含量均不同程度地高于背景值和标准值，其中点位 1 的实测含量远远高于背景值和标准值，并且这个点位的 Pb 元素含量最高，造成的污染程度也最高，而点位 14 的实测含量低于背景值和标准值，说明这个点位可能并未受到 Pb 元素的污染。Pb 元素的界定如图 3—25 所示。

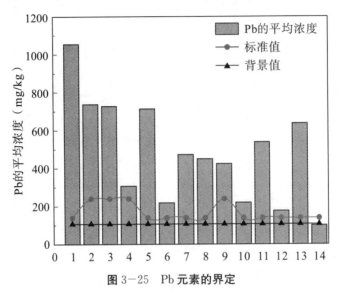

图 3—25　Pb 元素的界定

14 个检测点位中，有 13 个检测点位显示 Cu 元素的实测含量均不同程度地高于背景值和标准值，其中点位 4 的实测含量远远高于背景值和标准值，并且这个点位的 Cu 元素含量最高，造成的污染程度也最高，而点位 14 的实测含量低于背景值和标准值，说明这个点位可能并未受到 Cu 元素的污染。Cu 元素的界定如图 3—26 所示。

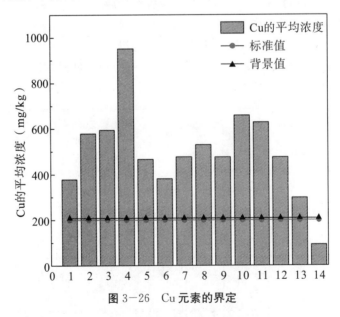

图 3—26　Cu 元素的界定

14 个检测点位中，有 13 个检测点位显示 Cd 元素的实测含量均不同程度地高于背景值和标准值，其中点位 1 的实测含量远远高于背景值和标准值，并且这个点位的 Cd

元素含量最高，造成的污染程度也最高，而点位 14 的实测含量低于背景值但高于标准值，说明这个点位可能轻微受到 Cd 元素的污染。Cd 元素的界定如图 3-27 所示。

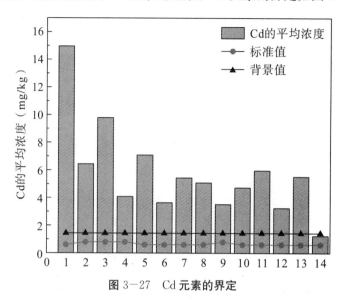

图 3-27　Cd 元素的界定

14 个检测点位中，有 12 个检测点位显示 As 元素的实测含量均不同程度地高于背景值和标准值，其中点位 1 的实测含量远远高于背景值和标准值，并且这个点位的 As 元素含量最高，造成的污染程度也最高，而点位 12 和 14 的实测含量均低于背景值和标准值，说明这两个点位可能并未受到 As 元素的污染。As 元素的界定如图 3-28 所示。

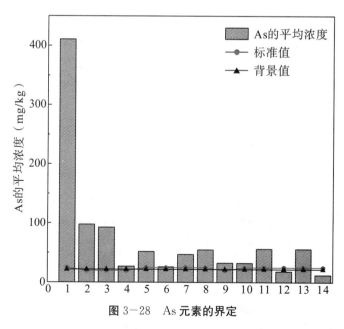

图 3-28　As 元素的界定

14 个检测点位中，只有 1 个检测点位显示 Ni 元素的实测含量高于背景值和标准值，其余 13 个检测点位显示 Ni 的实测含量均不同程度地低于背景值和标准值，说明研究区可能只有点位 14 受到了 Ni 元素的污染，其余 13 个点位并未受到 Ni 元素的污染。

Ni 元素的界定如图 3-29 所示。

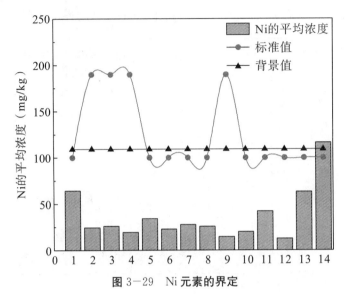

图 3-29 Ni 元素的界定

14 个检测点位中，有 2 个检测点位显示 Hg 元素的实测含量均高于背景值和标准值，说明这 2 个点位受到了 Hg 元素的污染；有 8 个检测点位显示 Hg 元素的实测含量低于标准值但高于背景值，说明这 8 个点位有可能受到了 Hg 元素的污染；有 4 个检测点位显示 Hg 元素的实测含量均低于背景值和标准值，说明这 4 个检测点位并未受到 Hg 元素的污染。Hg 元素的界定如图 3-30 所示。

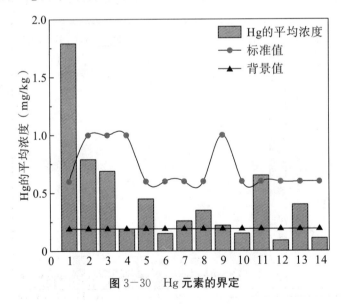

图 3-30 Hg 元素的界定

14 个检测点位中，每个检测点位显示 Cr 元素的实测含量均不同程度地低于背景值和标准值，说明研究区可能并未受到 Cr 元素的污染。Cr 元素的界定如图 3-31 所示。

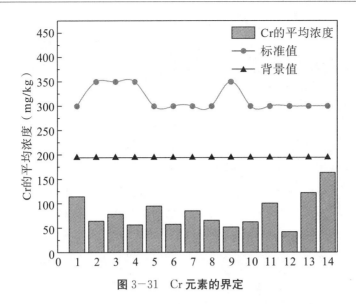

图 3-31　Cr 元素的界定

14 个检测点位中，有 13 个检测点位显示 Ag 元素的实测含量低于标准值但高于背景值，说明这 13 个检测点位可能受到了 Ag 元素的污染；而点位 14 显示 Ag 元素的实测含量均低于背景值和标准值，说明这个点位可能并未受到 Ag 元素的污染。Ag 元素的界定如图 3-32 所示。

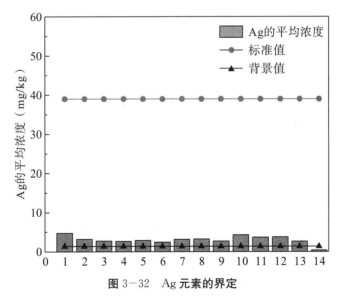

图 3-32　Ag 元素的界定

14 个检测点位中，Zn、Pb、Cu、Cd、As 五种元素的大部分检测点位的实测含量均高于背景值和标准值；Ni、Cr 两种元素大部分检测点位的实测含量均低于背景值和标准值；Hg、Ag 两种元素大部分检测点位的实测含量小于标准值，大于背景值。因此，主要污染因子为 Zn、Pb、Cu、Cd、As，Hg 元素和 Ag 元素在土壤内有一定的累积，但污染情况并不严重，而 Ni、Cr 两种元素并未对土壤环境造成污染。

3.4 土壤重金属元素相关性分析

相关性分析是指对两个或多个具备相关性的变量元素进行分析，确定两个元素之间存在的联系。相关系数越大，说明两个元素的相关程度越大，污染来源就越相似；相关系数越小，说明两个元素有相似来源的可能性就越小。如果两个重金属元素不具有相关性，说明它们的来源并不相同。数值带 * 符号且数值大于 0 的表示两个元素具有相关性，数值不带 * 符号或数值小于等于 0 的表示两个元素不具有相关性。本书中相关性分析的数据为单个重金属的平均含量，通过 SPSS 软件分析重金属元素的相关性，确定研究区九种重金属元素是否具有相似的来源，输出结果见表 3-14。

表 3-14　土壤重金属元素相关性

	Zn	Pb	Cu	Cd	As	Ni	Hg	Cr	Ag
Zn	1								
Pb	0.695**	1							
Cu	0.379**	0.083	1						
Cd	0.566**	0.779**	0.218	1					
As	0.205	0.606**	0.070	0.892**	1				
Ni	-0.385*	-0.117	-0.550*	-0.214	-0.081	1			
Hg	0.250	0.620**	0.047	0.884**	0.956**	-0.079	1		
Cr	-0.187	0.143	-0.544*	-0.035	0.041	0.889**	0.055	1	
Ag	0.460**	0.533**	0.561**	0.679**	0.576**	-0.505*	0.516**	-0.386**	1

注：**表示在 0.01 水平（双侧）上显著相关，*表示在 0.05 水平（双侧）上显著相关。

Zn 与 Pb、Cu、Cd、Ag 四种重金属元素相关，相关系数分别是 0.695、0.379、0.566、0.460，其中以 Zn 与 Pb 的相关系数最大，为 0.695；Pb 与 Zn、Cd、As、Hg、Ag 五种元素相关，相关系数分别是 0.695、0.779、0.606、0.620、0.533，其中以 Pb 与 Cd 的相关系数最大，为 0.779；Cu 与 Zn、Ag 两种元素相关，相关系数分别为 0.379、0.561，其中以 Cu 与 Ag 的相关系数最大，为 0.561；Cd 与 Zn、Pb、As、Hg、Ag 五种重金属元素相关，相关系数分别为 0.566、0.779、0.892、0.884、0.679，其中以 Cd 与 As 的相关系数最大，为 0.892；As 与 Pb、Cd、Hg、Ag 四种元素相关，相关系数分别为 0.606、0.892、0.956、0.576，其中以 As 与 Hg 的相关系数最大，为 0.956；Ni 只与 Cr 元素相关，相关系数为 0.889；Hg 与 Pb、Cd、As、Ag 四种元素相关，相关系数分别为 0.620、0.884、0.956、0.516，其中以 Hg 和 As 的相关系数最大，为 0.956；Cr 只与 Ni 元素相关，相关系数为 0.889；Ag 与 Zn、Pb、Cu、

Cd、As、Hg 六种元素相关，相系数分别为 0.460、0.533、0.561、0.679、0.576、0.516，其中以 Ag 与 Cd 的相关系数最大，为 0.679。因此，所有具有相关性的元素均在 0.01 水平（双侧）上显著相关，可见相关性在 1% 的置信区间内都是正确的，说明土壤重金属元素具有相似来源的可能性极大，其中相关度最高的是 As 和 Hg，高达 0.956，可以说明这两种元素具有相似来源。

3.5 模糊数学法污染评价

3.5.1 污染评价方法

（1）构建评价目标的因素集。

评价目标的因素集为土壤中重金属元素 Zn、Pb、Cu、Cd、As、Ni、Hg、Cr 的实际测定值。因素集用 V 表示，$V = \{v_1, v_2, \cdots, v_i, \cdots, v_n\}$，其中，$v_1, v_2, \cdots, v_i, \cdots, v_n$ 为参与评价的指标因素。

（2）构建评价目标的评价集。

评价目标的评价集选取土壤背景值作为分级标准。评价集用 U 表示，$U = \{u_1, u_2, \cdots, u_i, \cdots, u_n\}$，其中，$u_1, u_2, \cdots, u_i, \cdots, u_n$ 为参与评价的指标因素。

（3）确定评价因素的权重集。

权重集用 X 表示，指定各个评价因素 $v_1, v_2, \cdots, v_i, \cdots, v_n$ 所对应的权重分别为 $x_1, x_2, \cdots, x_i, \cdots, x_n$，构成的权重集为 $X = \{x_1, x_2, \cdots, x_i, \cdots, x_n\}$，规定 $x_1, x_2, \cdots, x_i, \cdots, x_n$ 的总和为 1，即

$$\sum_{i=1}^{n} x_i = 1 \qquad (3-4)$$

（4）确定隶属度。

隶属度是模糊评判函数中的一个概念，研究范围中任意一个元素都有一个数值与之相对应。当越接近 1 时，元素属于数集的程度越高；当越接近 0 时，元素属于数集的程度越低。

（5）构造模糊关系矩阵。

模糊关系矩阵用 Y 表示，单因子模糊矩阵为 $Y_i = (y_{i1}, y_{i2}, \cdots, y_{ij}, \cdots, y_{im})$，从而构成总的模糊关系矩阵 Y，即 $Y = (y_{ij})_{m \times n}$。

（6）建立综合评价模型。

评价集 U 和因素集 V 为一一映射的关系，于是 (V, U, Z) 构成了综合评价模型，Z 表示综合评判集。

3.5.2　土壤污染评价

（1）构建因素集。

根据重金属污染的特点，结合未受污染的几个背景点，构建因素集，设定 Zn、Pb、Cu、Cd、As、Ni、Hg、Cr 八种重金属元素为因素集，目标评价因子为每种元素对应的实测浓度，构成因素集：$V = \{v_1, v_2, v_3, v_4, v_5, v_6, v_7, v_8\}$，各目标评价因子对应的因素见表 3—15。

表 3—15　评价因子对应的因素

因素	v_1	v_2	v_3	v_4	v_5	v_6	v_7	v_8
评价因子	Zn	Pb	Cu	Cd	As	Ni	Hg	Cr

（2）建立评价集。

将重金属污染分为六级，分别为清洁、一级污染、二级污染、三级污染、四级污染、五级污染。其中，背景值作为清洁等级界限值，清洁等级界限值的 2、3、4、5、6 倍作为一级污染至五级污染的界限值。

①清洁：土壤没有受到人为污染的最原始土壤组成特征，本书选取研究区背景值作为清洁等级界限值。

②一级污染：自然因素或区域性因素导致土壤元素含量增加，需研究分析其成因，其界限值为 2 倍清洁等级界限值。

③二级污染：矿化作用、农业生产、工业生产等小范围因素引起的表层土壤元素含量轻度增高，需研究土壤元素含量变化趋势，其界限值为 3 倍清洁等级界限值。

④三级污染：矿山开发以及有关重金属行业生产、加工、制造所引起的土壤元素含量中度增高，地球化学元素分布呈现出异常状况，需要对其进行治理，其界限值为 4 倍清洁等级界限值。

⑤四级污染：矿山开发以及有关重金属行业生产、加工、制造所引起的土壤元素含量重度增高，地球化学元素分布呈现出异常状况，需要定期监测，评价其对人类的危害性，其界限值为 5 倍清洁等级界限值。

⑥五级污染：工业生产、矿山开采等引起局部小区域主成分含量集中且浓度极度偏高，土壤已经遭到了严重破坏，需要立即采取一定措施对土壤进行修复，其界限值为 6 倍清洁等级界限值。

污染的评价集：$U = \{u_1, u_2, u_3, u_4, u_5, u_6\}$，见表 3—16。

表 3—16　评价因子的评价集　　　　　　　　　　（单位：mg/kg）

元素	u_1清洁	u_2一级污染	u_3二级污染	u_4三级污染	u_5四级污染	u_6五级污染
Zn	374	748	1122	1496	1870	2244
Pb	107	214	321	428	535	642

元素	u_1清洁	u_2一级污染	u_3二级污染	u_4三级污染	u_5四级污染	u_6五级污染
Cu	209	418	627	836	1045	1254
Cd	1.4	2.8	4.2	5.6	7	8.4
As	22	44	66	88	110	132
Ni	109	218	327	436	545	654
Hg	0.2	0.4	0.6	0.8	1	1.2
Cr	194	388	582	776	970	1164

（3）确定权重集。

各重金属元素的权重集为 $X = \{x_1, x_2, x_3, x_4, x_5, x_6, x_7, x_8\}$，权重的计算公式如下：

$$W_i = \frac{C_i}{S_i} \times T_i \qquad (3-5)$$

式中，W_i为权重，C_i为第 i 种重金属元素实测平均浓度，S_i为第 i 个因子对应的各土壤重金属标准中四个类别总和的平均值，T_i为第 i 种重金属元素的毒性响应系数。

将各单项权重进行归一化运算：

$$X_i = \frac{W_i}{\sum_{i=1}^{m} W_i} \qquad (3-6)$$

式中，X_i为归一化后第 i 种重金属元素的权重，W_i为权重。

各层模糊数学参数值见表 3—17。

表 3-17 各层模糊数学参数值　　　　　　（单位：mg/kg）

项目	指标	Zn	Pb	Cu	Cd	As	Ni	Hg	Cr
项目	T_i	1	5	5	30	10	5	40	2
	S_i	237.5	140	175	0.525	26.25	105	0.65	287.5
A层	C_i	2380.93	796.55	394.45	7.63	80.28	32.83	0.52	90.50
	W_i	10.025	28.448	11.270	435.922	30.584	1.563	32.202	0.630
	X_i	0.018	0.052	0.020	0.792	0.056	0.003	0.058	0.001
B层	C_i	1902.857	547.357	441	5.091	65.223	38.724	0.543	83.486
	W_i	8.012	19.548	12.600	290.935	24.847	1.844	33.420	0.581
	X_i	0.020	0.050	0.032	0.743	0.063	0.005	0.085	0.001
C层	C_i	1764.500	444.921	732.857	7.474	121.966	27.806	0.574	62.371
	W_i	7.429	15.890	20.939	427.102	46.463	1.324	35.305	0.434
	X_i	0.013	0.029	0.038	0.770	0.084	0.002	0.064	0.001

R层	C_i	1124.714	147.700	427.086	2.867	23.134	47.717	0.161	93.771
	W_i	4.736	5.275	12.202	163.824	8.813	2.272	9.899	0.652
	X_i	0.023	0.025	0.059	0.789	0.042	0.011	0.048	0.003
平均	C_i	1793.250	484.132	498.848	5.765	72.651	36.769	0.450	82.532
	W_i	7.551	17.290	14.253	329.446	27.677	1.751	27.707	0.574
	X_i	0.018	0.041	0.033	0.773	0.065	0.004	0.065	0.001

经过计算，得到研究区各层土壤权重集如下：

A层：

$X_1 = \{0.018 \quad 0.052 \quad 0.020 \quad 0.792 \quad 0.056 \quad 0.003 \quad 0.058 \quad 0.001\}$

B层：

$X_2 = \{0.020 \quad 0.050 \quad 0.032 \quad 0.743 \quad 0.063 \quad 0.005 \quad 0.085 \quad 0.001\}$

C层：

$X_3 = \{0.013 \quad 0.029 \quad 0.038 \quad 0.770 \quad 0.084 \quad 0.002 \quad 0.064 \quad 0.001\}$

R层：

$X_4 = \{0.023 \quad 0.025 \quad 0.059 \quad 0.789 \quad 0.042 \quad 0.011 \quad 0.048 \quad 0.003\}$

平均：

$X = \{0.018 \quad 0.041 \quad 0.033 \quad 0.773 \quad 0.065 \quad 0.004 \quad 0.065 \quad 0.001\}$

（4）隶属度函数的确定。

根据各因素的评价标准，设计隶属函数公式如下：

当$j=1$时，其隶属度函数为

$$f_{i1} = \begin{cases} 1, & C_i \leqslant S_{i1} \\ \dfrac{S_{i2} - C_i}{S_{i2} - S_{i1}}, & S_{i1} < C_i < S_{i2} \\ 0, & C_i \geqslant S_{i2} \end{cases} \qquad (3-7)$$

当$j=2$，3，4，5时，其隶属度函数为

$$f_{ij} = \begin{cases} 0, & C_i \leqslant S_{ij-1} \\ \dfrac{C_i - S_{ij-1}}{S_{ij} - S_{ij-1}}, & S_{ij-1} < C_i < S_{ij} \\ \dfrac{S_{ij+1} - C_i}{S_{ij+1} - S_{ij}}, & S_{ij} < C_i < S_{ij+1} \\ 1, & C_i = S_{ij} \end{cases} \qquad (3-8)$$

当$j=6$时，其隶属度函数为

$$f_{i6} = \begin{cases} 0, & C_i \leqslant S_{i5} \\ \dfrac{C_i - S_{i5}}{S_{i6} - S_{i5}}, & S_{i5} < C_i < S_{i6} \\ 1, & C_i \geqslant S_{i6} \end{cases} \qquad (3-9)$$

式（3—7）～式（3—9）中，C_i 为评价因数 i 的实测值，S_{ij} 为评价因素 i 第 j 级土壤标准值。

（5）构造模糊关系矩阵。

求得因素 V 对评价集 U 的隶属度，建立土壤重金属元素污染程度评价模糊关系矩阵 $\boldsymbol{Y}$。

A 层土壤的模糊关系矩阵为

$$
\boldsymbol{Y}_1 = \begin{bmatrix}
0 & 0 & 0 & 0 & 0 & 1 \\
0 & 0 & 0 & 0 & 0 & 1 \\
0.113 & 0.887 & 0 & 0 & 0 & 0 \\
0 & 0 & 0 & 0 & 0.55 & 0.45 \\
0 & 0 & 0.35 & 0.65 & 0 & 0 \\
1 & 0 & 0 & 0 & 0 & 0 \\
0 & 0.4 & 0.6 & 0 & 0 & 0 \\
1 & 0 & 0 & 0 & 0 & 0
\end{bmatrix}
$$

B 层土壤的模糊关系矩阵为

$$
\boldsymbol{Y}_2 = \begin{bmatrix}
0 & 0 & 0 & 0 & 0.912 & 0.088 \\
0 & 0 & 0 & 0 & 0.884 & 0.116 \\
0 & 0.888 & 0.111 & 0 & 0 & 0 \\
0 & 0 & 0.364 & 0.636 & 0 & 0 \\
0 & 0.035 & 0.965 & 0 & 0 & 0 \\
1 & 0 & 0 & 0 & 0 & 0 \\
0 & 0.285 & 0.715 & 0 & 0 & 0 \\
1 & 0 & 0 & 0 & 0 & 0
\end{bmatrix}
$$

C 层土壤的模糊关系矩阵为

$$
\boldsymbol{Y}_3 = \begin{bmatrix}
0 & 0 & 0 & 0.282 & 0.718 & 0 \\
0 & 0 & 0 & 0.841 & 0.159 & 0 \\
0 & 0 & 0.494 & 0.506 & 0 & 0 \\
0 & 0 & 0 & 0 & 0.661 & 0.339 \\
0 & 0 & 0 & 0 & 0.456 & 0.544 \\
1 & 0 & 0 & 0 & 0 & 0 \\
0 & 0.13 & 0.87 & 0 & 0 & 0 \\
1 & 0 & 0 & 0 & 0 & 0
\end{bmatrix}
$$

R 层土壤的模糊关系矩阵为

$$\boldsymbol{Y}_4 = \begin{bmatrix} 0 & 0 & 0.992 & 0.008 & 0 & 0 \\ 0.62 & 0.38 & 0 & 0 & 0 & 0 \\ 0 & 0.957 & 0.043 & 0 & 0 & 0 \\ 0 & 0.952 & 0.048 & 0 & 0 & 0 \\ 0.948 & 0.052 & 0 & 0 & 0 & 0 \\ 1 & 0 & 0 & 0 & 0 & 0 \\ 0 & 0 & 0 & 0 & 0 & 0 \\ 1 & 0 & 0 & 0 & 0 & 0 \end{bmatrix}$$

整体土壤模糊关系矩阵为

$$\boldsymbol{Y} = \begin{bmatrix} 0 & 0 & 0 & 0.205 & 0.795 & 0 \\ 0 & 0 & 0 & 0.475 & 0.525 & 0 \\ 0 & 0.613 & 0.387 & 0 & 0 & 0 \\ 0 & 0 & 0 & 0.882 & 0.118 & 0 \\ 0 & 0 & 0.698 & 0.302 & 0 & 0 \\ 1 & 0 & 0 & 0 & 0 & 0 \\ 0 & 0.75 & 0.25 & 0 & 0 & 0 \\ 1 & 0 & 0 & 0 & 0 & 0 \end{bmatrix}$$

（6）建立综合评价模型。

A 层：

$Z_1 = \{0.006 \quad 0.041 \quad 0.054 \quad 0.036 \quad 0.436 \quad 0.426\}$

B 层：

$Z_2 = \{0.006 \quad 0.055 \quad 0.396 \quad 0.472 \quad 0.063 \quad 0.008\}$

C 层：

$Z_3 = \{0.003 \quad 0.008 \quad 0.074 \quad 0.047 \quad 0.561 \quad 0.306\}$

R 层：

$Z_4 = \{0.118 \quad 0.819 \quad 0.063 \quad 0 \quad 0 \quad 0\}$

平均：

$Z = \{0.005 \quad 0.069 \quad 0.075 \quad 0.724 \quad 0.127 \quad 0\}$

根据最大隶属度原则，评价集中数值最大的为最大隶属度，最大隶属度所对应的位置为污染等级程度。在 A 层土壤中，重金属元素的最大隶属度为 0.436，污染程度为第五级；在 B 层土壤中，重金属元素的最大隶属度为 0.472，污染程度为第四级；在 C 层土壤中，重金属元素的最大隶属度为 0.561，污染程度为第五级；在 R 层土壤中，重金属元素的最大隶属度为 0.819，污染程度为第二级；整体土壤重金属元素的最大隶属度为 0.724，污染程度为第四级。

3.6　单因子指数法污染评价

3.6.1　污染评价方法

单因子指数法是所有土壤重金属评价方法中最简单便捷的一种方法，它只考虑单因素污染的结果，只能评价土壤中的主要污染因子，是多因子综合评价的基础。其计算公式如下：

$$P_i = \frac{C_i}{S_i} \tag{3-10}$$

式中，P_i 为采样点某污染因子的污染指数，C_i 为该污染因子的实测值，S_i 为该污染因子的标准值。单因子指数法分级标准见表 3-18。

表 3-18　单因子指数法分级标准

P_i 取值范围	$P_i \leqslant 1$	$1 < P_i \leqslant 2$	$2 < P_i \leqslant 3$	$P_i > 3$
污染程度	未污染	轻污染	中污染	重污染

3.6.2　A 层土壤污染评价

A 层土壤单因子指数法评价结果见表 3-19。

表 3-19　A 层土壤单因子指数法评价结果

检测项目	A 层污染指数 P_i								
	Zn	Pb	Cu	Cd	As	Ni	Hg	Cr	Ag
1	17.32	12.29	2.68	19.67	9.44	0.31	1.28	0.32	0.16
2	21.12	11.93	2.08	25.83	6.00	0.20	1.38	0.25	0.09
3	15.57	4.83	2.20	23.00	4.24	0.15	1.03	0.25	0.08
4	9.92	7.21	1.86	15.27	2.53	0.26	0.95	0.28	0.08
5	12.28	8.71	2.49	16.83	3.02	0.27	1.10	0.28	0.10
6	7.84	4.28	2.39	8.75	2.34	0.17	0.60	0.20	0.09
7	6.08	4.10	2.24	8.10	1.92	0.32	0.43	0.39	0.08
8	9.08	0.99	2.16	14.70	5.52	0.08	1.82	0.11	0.07
9	10.52	9.14	2.54	11.72	3.60	0.31	1.23	0.36	0.10

检测项目	A层污染指数 P_i								
	Zn	Pb	Cu	Cd	As	Ni	Hg	Cr	Ag
10	4.92	2.82	1.61	6.92	1.72	0.43	0.37	0.37	0.08
11	3.50	1.75	1.26	3.81	2.79	0.33	0.31	0.34	0.03
12	3.77	1.29	2.27	3.75	0.65	0.19	0.12	0.19	0.08
13	7.20	5.51	1.62	10.22	2.39	0.53	0.65	0.40	0.09
14	0.40	0.11	0.24	0.50	0.21	0.64	0.04	0.38	0.03
平均值	9.25	5.35	1.97	12.08	3.31	0.30	0.81	0.29	0.08
污染程度	重污染	重污染	轻污染	重污染	重污染	未污染	未污染	未污染	未污染

在 A 层土壤中，Zn、Pb、Cd、As 四种元素的污染程度均为重污染，因此这四种元素为研究区 A 层土壤主要的污染因子。其中，Cd 元素的污染指数最高，为最主要的污染因子；Cu 元素的污染程度为轻污染，可能对 A 层土壤造成了一定的污染，但污染程度并不严重，尚在可控范围内；而 Ni、Hg、Cr、Ag 四种元素的污染程度为未污染，可见这四种元素并未对 A 层土壤造成污染。

3.6.3　B层土壤污染评价

B 层土壤单因子指数法评价结果见表 3-20。

表 3-20　B层土壤单因子指数法评价结果

检测项目	B层污染指数 P_i								
	Zn	Pb	Cu	Cd	As	Ni	Hg	Cr	Ag
1	1.34	0.50	0.75	1.40	1.26	0.70	0.28	0.43	0.02
2	1.95	0.55	2.46	5.88	10.65	0.06	2.22	0.12	0.05
3	24.32	11.36	3.29	22.50	9.36	0.20	2.17	0.28	0.07
4	4.10	0.39	4.97	3.51	1.07	0.04	0.10	0.09	0.06
5	17.48	10.50	2.47	23.33	3.90	0.35	1.72	0.30	0.09
6	6.60	0.91	1.78	6.18	0.50	0.08	0.09	0.09	0.05
7	9.68	7.43	2.30	11.85	2.99	0.34	0.97	0.34	0.09
8	12.84	9.29	2.65	9.33	2.17	0.26	0.22	0.33	0.06
9	1.57	0.38	2.36	1.06	0.41	0.05	0.04	0.08	0.03
10	3.31	0.73	1.61	2.83	0.90	0.07	0.04	0.12	0.16

检测项目	B层污染指数 P_i								
	Zn	Pb	Cu	Cd	As	Ni	Hg	Cr	Ag
11	6.96	4.65	1.58	9.00	2.80	0.46	2.10	0.38	0.04
12	4.88	0.94	2.55	4.65	0.65	0.10	0.08	0.11	0.07
13	6.32	4.16	1.48	9.18	2.16	0.62	0.68	0.41	0.04
14	2.30	0.66	0.66	2.40	0.72	0.67	0.12	0.59	0.01
平均值	7.40	3.75	2.21	8.08	2.82	0.29	0.77	0.26	0.06
污染程度	重污染	重污染	中污染	重污染	中污染	未污染	未污染	未污染	未污染

在 B 层土壤中，Zn、Pb、Cd 三种元素的污染程度均为重污染，因此这三种元素为研究区 B 层土壤主要的污染因子，其中 Cd 元素的污染指数最高，为最主要的污染因子；Cu 和 As 元素的污染程度为中污染；而 Ni、Hg、Cr、Ag 四种元素的污染程度为未污染，可见这四种元素并未对 B 层土壤造成污染。

3.6.4 C 层土壤污染评价

C 层土壤单因子指数法评价结果见表 3-21。

表 3-21 C 层土壤单因子指数法评价结果

检测项目	C层污染指数 P_i								
	Zn	Pb	Cu	Cd	As	Ni	Hg	Cr	Ag
1	7.84	16.36	3.39	77.00	54.40	0.29	9.95	0.32	0.29
2	4.60	4.38	6.70	5.73	0.41	0.10	0.06	0.13	0.17
3	8.23	0.40	5.25	7.38	1.72	0.05	0.24	0.13	0.10
4	3.27	0.30	8.90	3.90	0.69	0.04	0.05	0.10	0.09
5	6.20	0.62	3.99	5.80	0.93	0.16	0.11	0.14	0.08
6	7.50	0.55	3.18	6.34	1.31	0.04	0.08	0.10	0.10
7	14.84	1.57	4.12	14.65	1.62	0.11	0.25	0.15	0.10
8	7.67	1.45	5.40	6.45	1.02	0.06	0.09	0.10	0.17
9	3.06	0.77	2.11	2.85	0.83	0.05	0.06	0.09	0.07
10	5.53	0.57	2.36	4.61	0.61	0.05	0.04	0.12	0.09
11	8.96	5.55	2.08	11.48	2.68	0.43	1.07	0.32	0.14
12	5.04	0.76	1.92	4.52	0.43	0.09	0.07	0.13	0.06

检测项目	C层污染指数 P_i								
	Zn	Pb	Cu	Cd	As	Ni	Hg	Cr	Ag
13	6.16	4.35	1.41	8.75	2.40	0.72	0.68	0.37	0.07
14	1.94	0.86	0.51	2.53	0.59	1.34	0.22	0.59	0.00
平均值	6.49	2.75	3.66	11.57	4.97	0.25	0.93	0.20	0.11
污染程度	重污染	中污染	重污染	重污染	重污染	未污染	未污染	未污染	未污染

在 C 层土壤中，Zn、Cu、Cd、As 四种元素的污染程度均为重污染，因此这四种元素为研究区 C 层土壤主要的污染因子，其中 Cd 元素的污染指数最高，为最主要的污染因子；Pb 元素的污染程度为中污染；而 Ni、Hg、Cr、Ag 四种元素的污染程度为未污染，可见这四种元素并未对 C 层土壤造成污染。

3.6.5 R 层土壤污染评价

R 层土壤单因子指数法评价结果见表 3-22。

表 3-22 R 层土壤单因子指数法评价结果

检测项目	R层污染指数 P_i								
	Zn	Pb	Cu	Cd	As	Ni	Hg	Cr	Ag
1	1.37	0.35	0.76	0.91	1.11	0.34	0.13	0.32	0.02
2	1.35	0.40	0.35	1.24	1.01	0.25	0.07	0.27	0.01
3	1.68	0.26	1.14	1.71	0.91	0.25	0.20	0.28	0.03
4	2.46	0.36	3.29	2.10	0.41	0.36	0.09	0.25	0.04
5	1.20	0.54	0.37	1.26	0.46	0.60	0.09	0.55	0.03
6	0.51	0.06	0.29	0.65	0.36	0.31	0.10	0.31	0.02
7	1.41	0.25	0.88	1.24	1.28	0.18	0.07	0.22	0.05
8	0.69	0.06	0.38	0.91	0.35	0.31	0.10	0.28	0.03
9	6.00	1.01	2.53	6.50	0.64	0.09	0.09	0.13	0.07
10	14.00	1.24	7.60	14.70	2.25	0.13	0.50	0.19	0.12
11	14.56	2.21	7.65	14.13	1.31	0.17	0.63	0.24	0.16
12	9.04	2.06	2.77	8.65	1.23	0.13	0.37	0.12	0.17
13	5.76	4.19	1.45	8.62	2.03	0.66	0.63	0.44	0.08
14	1.55	0.78	0.45	2.05	0.60	1.41	0.25	0.52	0.00

检测项目	R层污染指数 P_i								
	Zn	Pb	Cu	Cd	As	Ni	Hg	Cr	Ag
平均值	4.40	0.98	2.14	4.62	1.00	0.37	0.24	0.29	0.06
污染程度	重污染	未污染	中污染	重污染	未污染	未污染	未污染	未污染	未污染

在 R 层土壤中，Zn、Cd 两种元素的污染程度均为重污染，因此这两种元素为研究区 R 层土壤主要的污染因子，其中 Cd 元素的污染指数最高，为最主要的污染因子；Cu 元素的污染程度为中污染；而 Pb、As、Ni、Hg、Cr、Ag 六种元素的污染程度为未污染，可见这六种元素并未对 R 层土壤造成污染。

3.6.6 整体土壤污染评价

平均土壤层单因子指数法评价结果见表3-23。

表 3-23 平均土壤层单因子指数法评价结果

检测项目	平均土壤层污染指数 P_i								
	Zn	Pb	Cu	Cd	As	Ni	Hg	Cr	Ag
1	7.10	7.53	1.89	24.94	16.43	0.64	2.98	0.38	0.12
2	6.37	3.07	2.90	8.05	4.89	0.13	0.79	0.18	0.08
3	11.44	3.03	2.97	12.24	4.64	0.14	0.69	0.22	0.07
4	4.42	1.28	4.75	5.11	1.36	0.10	0.19	0.16	0.07
5	9.29	5.09	2.33	11.81	2.08	0.34	0.76	0.32	0.07
6	6.01	1.56	1.91	6.06	1.04	0.23	0.25	0.19	0.06
7	8.07	3.38	2.38	9.06	1.89	0.28	0.44	0.28	0.08
8	7.99	3.21	2.65	8.46	2.20	0.26	0.59	0.22	0.08
9	4.60	1.77	2.38	4.39	1.63	0.08	0.22	0.15	0.07
10	7.38	1.57	3.29	7.88	1.29	0.20	0.25	0.21	0.11
11	8.67	3.85	3.14	9.93	2.25	0.42	1.08	0.33	0.09
12	5.68	1.26	2.38	5.39	0.74	0.13	0.16	0.14	0.10
13	6.36	4.55	1.49	9.19	2.25	0.63	0.66	0.41	0.07
14	1.66	0.72	0.46	2.07	0.49	1.17	0.18	0.54	0.01
平均值	6.79	2.99	2.49	8.90	3.08	0.34	0.66	0.27	0.08
污染程度	重污染	中污染	中污染	重污染	重污染	未污染	未污染	未污染	未污染

Zn、Cd、As 三种元素的污染程度均为重污染，因此这三种元素为研究区土壤主要的污染因子，其中 Cd 元素的污染指数最高，为最主要的污染因子；Pb 和 Cu 元素的污染程度为中污染；而 Ni、Hg、Cr、Ag 四种元素的污染程度为未污染，可见这四种元素并未对研究区土壤造成污染。土壤单因子指数法评价结果见表 3-24。

表 3-24　土壤单因子指数法评价结果

	主要污染因子	污染指数最高的元素	未污染元素
A 层	Zn、Pb、Cd、As	Cd	Ni、Hg、Cr、Ag
B 层	Zn、Pb、Cd	Cd	Ni、Hg、Cr、Ag
C 层	Zn、Cu、Cd、As	Cd	Ni、Hg、Cr、Ag
R 层	Zn、Cd	Cd	Pb、As、Ni、Hg、Cr、Ag
平均	Zn、Cd、As	Cd	Ni、Hg、Cr、Ag

A、B、C、R 四层土壤的主要污染因子均有 Zn、Cd 两种元素，污染指数最高的元素都是 Cd 元素，未污染元素也都包括了 Ni、Hg、Cr、Ag 四种元素。A 层和 C 层土壤的主要污染因子还包括了 Pb 元素和 Cu 元素，A、B、C 三层的未污染元素一致。综上所述，单因子指数法评价结果显示研究区主要污染因子为 Zn、Cd、As，未污染元素为 Ni、Hg、Cr、Ag。

3.7　内梅罗指数法污染评价

3.7.1　污染评价方法

内梅罗指数法是以单因子指数法评价的结果为基础，结合最大环境质量指数，以此来评价研究区主要污染因子和污染点位的一种方法。其计算公式如下：

$$P_{综合} = \sqrt{\frac{\overline{P_i}^2 + P_{i\max}^2}{2}} \tag{3-11}$$

式中，$P_{综合}$ 为综合污染指数，$\overline{P_i}$ 为单项污染指数平均值，$P_{i\max}$ 为各单因子环境质量指数中的最大值。内梅罗指数法评价土壤环境质量分级标准见表 3-25。

表 3-25　内梅罗指数法评价土壤环境质量分级标准

等级划分	1	2	3	4	5
$P_{综合}$	≤0.7	0.7~1	1~2	2~3	>3
综合污染程度	安全	警戒	轻度污染	中度污染	重度污染

3.7.2　A层土壤污染评价

A层土壤内梅罗指数法评价结果见表3-26。

表3-26　A层土壤内梅罗指数法评价结果

检测项目	A层污染指数 P_i									综合污染指数	综合污染程度
	Zn	Pb	Cu	Cd	As	Ni	Hg	Cr	Ag		
1	17.32	12.3	2.68	19.67	9.44	0.31	1.28	0.32	0.16	14.77	重度污染
2	21.12	11.9	2.08	25.83	6.00	0.20	1.38	0.25	0.09	19.05	重度污染
3	15.57	4.83	2.20	23.00	4.24	0.15	1.03	0.25	0.08	16.76	重度污染
4	9.92	7.21	1.86	15.27	2.53	0.26	0.95	0.28	0.08	11.21	重度污染
5	12.28	8.71	2.49	16.83	3.02	0.27	1.10	0.28	0.10	12.42	重度污染
6	7.84	4.28	2.39	8.75	2.34	0.17	0.60	0.20	0.09	6.53	重度污染
7	6.08	4.10	2.24	8.10	1.92	0.32	0.43	0.39	0.08	6.02	重度污染
8	9.08	0.99	2.16	14.70	5.52	0.08	1.82	0.11	0.07	10.74	重度污染
9	10.52	9.14	2.54	11.72	3.60	0.31	1.23	0.36	0.10	8.85	重度污染
10	4.92	2.82	1.61	6.92	1.72	0.43	0.37	0.37	0.08	5.12	重度污染
11	3.50	1.75	1.26	3.81	2.79	0.33	0.31	0.34	0.03	2.91	中度污染
12	3.77	1.29	2.27	3.75	0.65	0.19	0.12	0.19	0.08	2.84	中度污染
13	7.20	5.51	1.62	10.22	2.39	0.53	0.65	0.40	0.09	7.57	重度污染
14	0.40	0.11	0.24	0.50	0.21	0.64	0.04	0.38	0.03	0.50	安全
综合污染指数	16.30	9.48	2.35	20.16	7.07	0.50	1.41	0.35	0.13		
综合污染程度	重度污染	重度污染	中度污染	重度污染	重度污染	安全	轻度污染	安全	安全		

Zn、Pb、Cd、As 四种元素的综合污染程度为重度污染，为A层土壤主要的污染因子；Cu元素的综合污染程度为中度污染；Hg元素的综合污染程度为轻度污染；Ni、Cr、Ag 三种元素的综合污染程度为安全。除了点位11、点位12和点位14，其他11个点位的综合污染程度均是重度污染。

3.7.3　B层土壤污染评价

B层土壤内梅罗指数法评价结果见表3-27。

表 3-27 B层土壤内梅罗指数法评价结果

检测项目	B层污染指数 P_i									综合污染指数	综合污染程度
	Zn	Pb	Cu	Cd	As	Ni	Hg	Cr	Ag		
1	1.34	0.50	0.75	1.40	1.26	0.70	0.28	0.43	0.02	1.12	轻度污染
2	1.95	0.55	2.46	5.88	10.7	0.06	2.22	0.12	0.05	7.76	重度污染
3	24.32	11.4	3.29	22.50	9.36	0.20	2.17	0.28	0.07	18.14	重度污染
4	4.10	0.39	4.97	3.51	1.07	0.04	0.10	0.09	0.06	3.69	重度污染
5	17.48	10.5	2.47	23.33	3.90	0.35	1.72	0.30	0.09	17.16	重度污染
6	6.60	0.91	1.78	6.18	0.50	0.08	0.09	0.09	0.05	4.84	重度污染
7	9.68	7.43	2.30	11.85	2.99	0.34	0.97	0.34	0.09	8.84	重度污染
8	12.84	9.29	2.65	9.33	2.17	0.26	0.22	0.33	0.06	9.54	重度污染
9	1.57	0.38	2.36	1.06	0.41	0.05	0.04	0.08	0.03	1.73	轻度污染
10	3.31	0.73	1.61	2.83	0.90	0.07	0.04	0.12	0.16	2.46	中度污染
11	6.96	4.65	1.58	9.00	2.80	0.46	2.10	0.38	0.04	6.73	重度污染
12	4.88	0.94	2.55	4.65	0.65	0.10	0.08	0.11	0.07	3.62	重度污染
13	6.32	4.16	1.48	9.18	2.16	0.62	0.68	0.41	0.04	6.79	重度污染
14	2.30	0.66	0.66	2.40	0.72	0.67	0.12	0.59	0.01	1.81	轻度污染
综合污染指数	17.98	8.46	3.84	17.46	7.79	0.53	1.66	0.45	0.12		
综合污染程度	重度污染	重度污染	重度污染	重度污染	重度污染	安全	轻度污染	安全	安全		

Zn、Pb、Cu、Cd、As 五种元素的综合污染程度为重度污染，为 B 层土壤主要的污染因子；Hg 元素的综合污染程度为轻度污染；Ni、Cr、Ag 三种元素的综合污染程度为安全。除了点位 1、点位 9、点位 10 和点位 14，其他 10 个点位的综合污染程度均是重度污染。

3.7.4 C层土壤污染评价

C 层土壤内梅罗指数法评价结果见表 3-28。

表 3-28 C层土壤内梅罗指数法评价结果

检测项目	C层污染指数 P_i									综合污染指数	综合污染程度
	Zn	Pb	Cu	Cd	As	Ni	Hg	Cr	Ag		
1	7.84	16.4	3.39	77.00	54.4	0.29	9.95	0.32	0.29	56.06	重度污染

检测项目	C 层污染指数 P_i									综合污染指数	综合污染程度
	Zn	Pb	Cu	Cd	As	Ni	Hg	Cr	Ag		
2	4.60	4.38	6.70	5.73	0.41	0.10	0.06	0.13	0.17	5.05	重度污染
3	8.23	0.40	5.25	7.38	1.72	0.05	0.24	0.13	0.10	6.11	重度污染
4	3.27	0.30	8.90	3.90	0.69	0.04	0.05	0.10	0.09	6.44	重度污染
5	6.20	0.62	3.99	5.80	0.93	0.16	0.11	0.14	0.08	4.61	重度污染
6	7.50	0.55	3.18	6.34	1.31	0.04	0.08	0.10	0.10	5.51	重度污染
7	14.84	1.57	4.12	14.65	1.62	0.11	0.25	0.15	0.10	10.90	重度污染
8	7.67	1.45	5.40	6.45	1.02	0.06	0.09	0.10	0.17	5.70	重度污染
9	3.06	0.77	2.11	2.85	0.83	0.05	0.06	0.09	0.07	2.30	中度污染
10	5.53	0.57	2.36	4.61	0.61	0.05	0.04	0.12	0.09	4.06	重度污染
11	8.96	5.55	2.08	11.48	2.68	0.43	1.07	0.32	0.14	8.52	重度污染
12	5.04	0.76	1.92	4.52	0.43	0.09	0.07	0.13	0.06	3.71	重度污染
13	6.16	4.35	1.41	8.75	2.40	0.72	0.68	0.37	0.07	6.49	重度污染
14	1.94	0.86	0.51	2.53	0.59	1.34	0.22	0.59	0.00	1.91	轻度污染
综合污染指数	11.45	11.7	6.81	55.06	38.6	0.96	7.07	0.44	0.22		
综合污染程度	重度污染	重度污染	重度污染	重度污染	重度污染	警戒	重度污染	安全	安全		

　　Zn、Pb、Cu、Cd、As、Hg 六种元素的综合污染程度为重度污染，为 C 层土壤主要的污染因子；Ni 元素的综合污染程度为警戒；Cr、Ag 两种元素的综合污染程度为安全。除了点位 9、点位 14，其他 12 个点位的综合污染程度均是重度污染。

3.7.5　R 层土壤污染评价

　　R 层土壤内梅罗指数法评价结果见表 3－29。

表 3－29　R 层土壤内梅罗指数法评价结果

检测项目	R 层污染指数 P_i									综合污染指数	综合污染程度
	Zn	Pb	Cu	Cd	As	Ni	Hg	Cr	Ag		
1	1.37	0.35	0.76	0.91	1.11	0.34	0.13	0.32	0.02	1.05	轻度污染
2	1.35	0.40	0.35	1.24	1.01	0.25	0.07	0.27	0.01	1.03	轻度污染
3	1.68	0.26	1.14	1.71	0.91	0.25	0.20	0.28	0.03	1.31	轻度污染

续表3-29

检测项目	R层污染指数 P_i									综合污染指数	综合污染程度
	Zn	Pb	Cu	Cd	As	Ni	Hg	Cr	Ag		
4	2.46	0.36	3.29	2.10	0.41	0.36	0.09	0.25	0.04	1.89	轻度污染
5	1.20	0.54	0.37	1.26	0.46	0.60	0.09	0.55	0.03	0.94	警戒
6	0.51	0.06	0.29	0.65	0.36	0.31	0.10	0.31	0.02	0.50	安全
7	1.41	0.25	0.88	1.24	1.28	0.18	0.07	0.22	0.05	1.09	轻度污染
8	0.69	0.06	0.38	0.91	0.35	0.31	0.10	0.28	0.03	0.69	安全
9	6.00	1.01	2.53	6.50	0.64	0.09	0.09	0.13	0.07	4.45	重度污染
10	14.00	1.24	7.60	14.70	2.25	0.13	0.50	0.19	0.12	10.88	重度污染
11	14.56	2.21	7.65	14.13	1.31	0.17	0.63	0.24	0.16	10.79	重度污染
12	9.04	2.06	2.77	8.65	1.23	0.13	0.37	0.12	0.17	6.68	重度污染
13	5.76	4.19	1.45	8.62	2.03	0.66	0.63	0.44	0.08	6.37	重度污染
14	1.55	0.78	0.45	2.05	0.60	1.41	0.25	0.52	0.00	1.57	轻度污染
综合污染指数	10.76	3.04	5.62	10.90	1.74	1.03	0.48	0.44	0.13		
综合污染程度	重度污染	重度污染	重度污染	重度污染	轻度污染	轻度污染	安全	安全	安全		

Zn、Pb、Cu、Cd 四种元素的综合污染程度为重度污染，为 R 层土壤主要的污染因子；As 和 Ni 两种元素的综合污染程度为轻度污染；Hg、Cr、Ag 三种元素的综合污染程度为安全。只有 9、10、11、12、13 五个点位的综合污染程度是重度污染，其余点位的综合污染程度都不严重。

3.7.6 整体土壤污染评价

平均土壤层内梅罗指数法评价结果见表3-30。

表 3-30 平均土壤层内梅罗指数法评价结果

检测项目	平均土壤层污染指数 P_i									综合污染指数	综合污染程度
	Zn	Pb	Cu	Cd	As	Ni	Hg	Cr	Ag		
1	7.10	7.53	1.89	24.94	16.4	0.64	2.98	0.38	0.12	18.29	重度污染
2	6.37	3.07	2.90	8.05	4.89	0.13	0.79	0.18	0.08	6.06	重度污染
3	11.44	3.03	2.97	12.24	4.64	0.14	0.69	0.22	0.07	9.09	重度污染
4	4.42	1.28	4.75	5.11	1.36	0.10	0.19	0.16	0.07	3.86	重度污染

检测项目	平均土壤层污染指数 P_i									综合污染指数	综合污染程度
	Zn	Pb	Cu	Cd	As	Ni	Hg	Cr	Ag		
5	9.29	5.09	2.33	11.81	2.08	0.34	0.76	0.32	0.07	8.72	重度污染
6	6.01	1.56	1.91	6.06	1.04	0.23	0.25	0.19	0.06	4.50	重度污染
7	8.07	3.38	2.38	9.06	1.89	0.28	0.44	0.28	0.08	6.72	重度污染
8	7.99	3.21	2.65	8.46	2.20	0.26	0.59	0.22	0.08	6.31	重度污染
9	4.60	1.77	2.38	4.39	1.63	0.08	0.22	0.15	0.07	3.47	重度污染
10	7.38	1.57	3.29	7.88	1.29	0.20	0.25	0.21	0.11	5.84	重度污染
11	8.67	3.85	3.14	9.93	2.25	0.42	1.08	0.33	0.09	7.40	重度污染
12	5.68	1.26	2.38	5.39	0.74	0.13	0.16	0.14	0.10	4.21	重度污染
13	6.36	4.55	1.49	9.19	2.25	0.63	0.66	0.41	0.07	6.80	重度污染
14	1.66	0.72	0.46	2.07	0.49	1.17	0.18	0.54	0.01	1.57	轻度污染
综合污染指数	9.40	5.73	3.80	18.72	11.82	0.86	2.16	0.43	0.10		
综合污染程度	重度污染	重度污染	重度污染	重度污染	重度污染	警戒	中度污染	安全	安全		

　　Zn、Pb、Cu、Cd、As 五种元素的综合污染程度为重度污染，为研究区土壤主要的污染因子；Hg 元素的综合污染程度为中度污染；Ni 元素的综合污染程度为警戒；Cr、Ag 两种元素的综合污染程度为安全。只有点位 14 的综合污染程度为轻度污染，其余点位的综合污染程度均为重度污染。

　　研究区土壤内梅罗指数法评价结果见表3-31。

表 3-31　研究区土壤内梅罗指数法评价结果

	主要污染因子	未污染元素	主要污染点位
A 层	Zn、Pb、Cd、As	Ni、Cr、Ag	1、2、3、4、5、6、7、8、9、10、13
B 层	Zn、Pb、Cu、Cd、As	Ni、Cr、Ag	2、3、4、5、6、7、8、11、12、13
C 层	Zn、Pb、Cu、Cd、As、Hg	Cr、Ag	1、2、3、4、5、6、7、8、10、11、12、13
R 层	Zn、Pb、Cu、Cd	Hg、Cr、Ag	9、10、11、12、13
平均	Zn、Pb、Cu、Cd、As	Cr、Ag	1、2、3、4、5、6、7、8、9、10、11、12、13

　　A、B、C、R 四层土壤均显示 Zn、Pb、Cd 三种元素为主要污染因子，Cr、Ag 两种元素为未污染元素，共同的污染点位为13。除此之外，A、B、C 三层土壤的主要污染因子还包括 As 元素，B、C、R 三层土壤的主要污染因子还包括 Cu 元素，其中 C 层土壤的主要污染因子还比其他层土壤多一个 Hg 元素。综上所述，内梅罗指数法评价结

果显示研究区土壤主要的污染因子为 Zn、Pb、Cu、Cd、As 五种重金属元素，未受污染的元素为 Cr、Ag，除了点位 14，其他 13 个点位均是重度污染点位。

3.8　地累积指数法污染评价

3.8.1　地累积指数法评价方法

地累积指数法是由德国研究者 Mülle 于 1969 年首次提出的，用于研究河流沉积物的重金属污染程度。自然界地质的不断变化和人类活动对环境的影响，会造成土壤中重金属元素含量的改变，运用地累积指数法可消除这两种影响。其计算公式如下：

$$I_{geo} = \log_2 \frac{C_n}{K \times B_n} \tag{3-12}$$

式中，C_n 为 n 元素在沉积物中的含量（mg/kg），B_n 为 n 元素地球化学背景值（mg/kg），K 为修正系数（一般取值为 1.5）。地累积指数法分级标准见表 3-32。

表 3-32　地累积指数法分级标准

级数	0	1	2	3	4	5	6
I_{geo}	≤0	0~1	1~2	2~3	3~4	4~5	>5
污染程度	清洁	轻度污染	偏中污染	中度污染	偏重污染	重度污染	严重污染

3.8.2　A 层土壤污染评价

在 A 层土壤中，Zn、Pb、Cd 三种元素的污染等级为 2 级，污染程度为偏中污染，为 A 层土壤的主要污染因子；Cu、As、Hg、Ag 四种元素的污染等级为 1 级，污染程度为轻度污染；Ni、Cr 两种元素的污染等级为 0 级，污染程度为清洁。点位 1、2、3 的污染等级为 2 级，污染程度为偏中污染，为 A 层土壤的主要污染点位；点位 4、5、6、7、8、9、10、13 的污染等级为 1 级，污染程度为轻度污染；点位 11、12、14 的污染等级为 0 级，污染程度为清洁。

A 层土壤地累积指数见表 3-33。A 层土壤地累积指数法评价结果见表 3-34。

表 3-33　A 层土壤地累积指数

检测项目	A 层土壤地累积指数 I_{geo}									
	Zn	Pb	Cu	Cd	As	Ni	Hg	Cr	Ag	平均值
1	2.95	3.42	0.77	2.46	2.85	−2.41	1.43	−1.62	1.63	1.28
2	3.23	3.38	0.41	2.85	2.19	−3.07	1.54	−1.94	0.84	1.05

检测项目	A层土壤地累积指数 I_{geo}									
	Zn	Pb	Cu	Cd	As	Ni	Hg	Cr	Ag	平均值
3	3.06	2.85	0.49	3.10	1.37	−2.56	1.85	−1.72	0.67	1.01
4	2.14	2.66	0.25	2.09	0.95	−2.68	1.00	−1.79	0.69	0.59
5	2.45	2.93	0.67	2.24	1.20	−2.61	1.21	−1.80	0.91	0.80
6	1.80	1.90	0.61	1.29	0.83	−3.30	0.34	−2.29	0.72	0.21
7	1.44	1.84	0.51	1.18	0.55	−2.36	−0.13	−1.30	0.68	0.27
8	2.02	−0.22	0.47	2.04	2.07	−4.43	1.94	−3.20	0.46	0.13
9	2.23	3.00	0.70	1.71	1.45	−2.40	1.38	−1.42	0.97	0.85
10	1.13	1.30	0.04	0.95	0.39	−1.93	−0.37	−1.40	0.52	0.07
11	0.90	1.39	−0.32	0.51	0.77	−1.38	0.12	−1.30	−0.80	−0.01
12	0.75	0.17	0.53	0.07	−1.02	−3.11	−2.01	−2.32	0.69	−0.69
13	1.68	2.27	0.05	1.51	0.87	−1.62	0.45	−1.28	0.71	0.52
14	−2.49	−3.45	−2.70	−2.83	−2.64	−1.36	−3.51	−1.34	−0.70	−2.33
平均值	1.66	1.67	0.18	1.37	0.85	−2.52	0.37	−1.77	0.57	

表 3－34　A层土壤地累积指数法评价结果

检测项目	A层土壤地累积级数									
	Zn	Pb	Cu	Cd	As	Ni	Hg	Cr	Ag	平均值
1	3	4	1	3	3	0	2	0	2	2
2	4	4	1	3	3	0	2	0	1	2
3	4	3	1	4	2	0	2	0	1	2
4	3	3	1	3	1	0	1	0	1	1
5	3	3	1	3	3	0	2	0	1	1
6	2	2	1	2	1	0	1	0	1	1
7	2	2	1	2	1	0	0	0	1	1
8	3	0	1	3	3	0	2	0	1	1
9	3	3	1	2	2	0	2	0	1	1
10	2	2	1	1	1	0	0	0	1	1
11	1	2	0	1	1	0	1	0	0	0
12	1	1	1	1	0	0	0	0	1	0

检测项目	A层土壤地累积级数									
	Zn	Pb	Cu	Cd	As	Ni	Hg	Cr	Ag	平均值
13	2	3	1	2	1	0	1	0	1	1
14	0	0	0	0	0	0	0	0	0	0
平均值	2	2	1	2	1	0	1	0	1	

3.8.3 B层土壤污染评价

在B层土壤中，只有Zn元素的污染等级为2级，污染程度为偏中污染，为B层土壤的主要污染因子；Pb、Cu、Cd、As四种元素的污染等级为1级，污染程度为轻度污染；Ni、Hg、Cr、Ag四种元素的污染等级为0级，污染程度为清洁。点位3、5的污染等级为2级，污染程度为偏中污染，为B层土壤的主要污染点位；点位2、7、8、11、13的污染等级为1级，污染程度为轻度污染；点位1、4、6、9、10、12、14的污染等级为0级，污染程度为清洁。

B层土壤地累积指数见表3—35。B层土壤地累积指数法评价结果见表3—36。

表3—35 B层土壤地累积指数

检测项目	B层土壤地累积指数 I_{geo}									
	Zn	Pb	Cu	Cd	As	Ni	Hg	Cr	Ag	平均值
1	−0.48	−0.41	−1.07	−0.94	−0.39	−0.30	−0.03	−0.94	−1.64	−0.69
2	0.06	−0.29	0.65	1.13	2.70	−3.86	2.96	−2.83	−0.01	0.06
3	3.44	3.31	1.07	2.65	2.83	−3.02	2.19	−1.81	0.36	1.22
4	1.13	−0.76	1.67	0.39	−0.62	−4.40	−1.51	−3.14	0.19	−0.78
5	2.96	3.20	0.66	2.71	1.57	−2.25	1.85	−1.70	0.79	1.09
6	1.56	−0.34	0.18	0.79	−1.39	−4.40	−2.45	−3.45	−0.04	−1.06
7	2.11	2.70	0.55	1.73	1.19	−2.26	1.03	−1.53	0.77	0.70
8	2.52	3.02	0.76	1.38	0.73	−2.63	−1.13	−1.58	0.25	0.37
9	−0.26	−0.83	0.59	−1.34	−2.01	−4.19	−3.03	−3.44	−0.63	−1.68
10	0.82	0.13	0.04	0.08	−0.87	−3.63	−2.87	−2.80	1.57	−0.84
11	1.63	2.02	0.01	1.33	1.09	−1.83	2.14	−1.35	−0.22	0.54
12	1.12	−0.28	0.70	0.38	−1.01	−4.10	−2.60	−3.12	0.40	−0.94
13	1.49	1.86	−0.08	1.36	0.72	−1.39	0.52	−1.23	−0.44	0.31

检测项目	B层土壤地累积指数 I_{geo}									
	Zn	Pb	Cu	Cd	As	Ni	Hg	Cr	Ag	平均值
14	0.30	−0.02	−1.26	−0.16	−1.19	−0.37	−1.25	−0.51	−2.26	−0.75
平均值	1.31	0.95	0.32	0.82	0.24	−2.76	−0.30	−2.10	−0.07	

表 3－36　B 层土壤地累积指数法评价结果

检测项目	B层土壤地累积级数									
	Zn	Pb	Cu	Cd	As	Ni	Hg	Cr	Ag	平均值
1	0	0	0	0	0	0	0	0	0	0
2	1	0	1	2	3	0	3	0	0	1
3	4	4	2	3	3	0	3	0	1	2
4	2	0	2	1	0	0	0	0	1	0
5	3	4	1	3	2	0	2	0	1	1
6	2	0	1	1	0	0	0	0	0	0
7	3	3	1	2	2	0	2	0	1	1
8	3	4	1	2	1	0	0	0	1	1
9	0	0	1	0	0	0	0	0	0	0
10	1	1	1	1	0	0	0	0	2	0
11	2	3	1	2	2	0	3	0	0	1
12	2	0	1	1	0	0	0	0	1	0
13	2	2	0	2	0	0	1	0	0	1
14	1	0	0	0	0	0	0	0	0	0
平均值	2	1	1	1	1	0	0	0	0	

3.8.4　C 层土壤污染评价

在 C 层土壤中，Zn、Cd 两种元素的污染等级为 2 级，污染程度为偏中污染，为 C 层土壤的主要污染因子；Pb、Cu、Ag 三种元素的污染等级为 1 级，污染程度为轻度污染；As、Ni、Hg、Cr 四种元素的污染等级为 0 级，污染程度为清洁。点位 1 的污染等级为 3 级，污染程度为中度污染，为 C 层土壤的主要污染点位；点位 7、11、13 的污染等级为 1 级，污染程度为轻度污染；点位 2、3、4、5、6、8、9、10、12、14 的污染等级为 0 级，污染程度为清洁。

C层土壤地累积指数见表3-37。C层土壤地累积指数法评价结果见表3-38。

表3-37　C层土壤地累积指数

检测项目	C层土壤地累积指数 I_{geo}									
	Zn	Pb	Cu	Cd	As	Ni	Hg	Cr	Ag	平均值
1	1.80	3.84	1.11	4.43	5.37	-2.52	4.39	-1.60	2.48	2.15
2	1.30	2.71	2.10	1.09	-1.99	-3.08	-2.35	-2.65	1.74	-0.13
3	2.14	-0.74	1.75	1.46	0.07	-4.15	-0.25	-2.71	0.97	-0.16
4	0.81	-1.15	2.51	0.54	-1.25	-4.34	-2.48	-3.12	0.82	-0.85
5	1.47	-0.89	1.35	0.70	-0.50	-3.33	-2.11	-2.83	0.59	-0.62
6	2.00	-0.27	1.02	1.24	-0.32	-4.30	-1.81	-3.03	0.88	-0.51
7	2.72	0.46	1.40	2.03	0.31	-3.92	-0.93	-2.71	0.96	0.04
8	2.03	1.11	1.79	1.27	-0.69	-3.91	-1.66	-3.09	1.70	-0.16
9	0.71	0.20	0.43	0.09	-0.99	-4.15	-2.15	-3.20	0.32	-0.97
10	1.56	-0.23	0.59	0.78	-1.44	-3.99	-2.70	-2.84	0.74	-0.84
11	2.00	2.28	0.41	1.68	1.03	-1.93	1.17	-1.58	1.38	0.71
12	1.17	-0.60	0.30	0.34	-1.62	-4.16	-2.83	-2.89	0.11	-1.13
13	1.46	1.93	-0.15	1.29	0.87	-1.19	0.52	-1.38	0.39	0.42
14	-0.21	-0.41	-1.63	-0.50	-1.16	-0.29	-1.13	-0.72	0.00	-0.67
平均值	1.50	0.59	0.93	1.17	-0.17	-3.23	-1.02	-2.45	0.93	

表3-38　C层土壤地累积指数法评价结果

检测项目	C层土壤地累积级数									
	Zn	Pb	Cu	Cd	As	Ni	Hg	Cr	Ag	平均值
1	2	4	2	5	6	0	5	0	3	3
2	2	3	3	2	0	0	0	0	2	0
3	3	0	2	2	1	0	0	0	1	0
4	1	0	3	1	0	0	0	0	1	0
5	2	0	2	1	0	0	0	0	1	0
6	2	0	2	2	0	0	0	0	1	0
7	3	1	2	3	1	0	0	0	1	1
8	3	2	2	2	0	0	0	0	2	0
9	1	1	1	1	0	0	0	0	1	0

检测项目	C层土壤地累积级数									
	Zn	Pb	Cu	Cd	As	Ni	Hg	Cr	Ag	平均值
10	2	0	1	1	0	0	0	0	1	0
11	2	3	1	2	2	0	2	0	2	1
12	2	0	1	1	0	0	0	0	1	0
13	2	2	0	2	1	0	1	0	1	1
14	0	0	0	0	0	0	0	0	0	0
平均值	2	1	1	2	0	0	0	0	1	

3.8.5　R层土壤污染评价

在R层土壤中，只有Zn元素的污染等级为1级，污染程度为轻度污染，为R层土壤的主要污染因子；Pb、Cu、Cd、As、Ni、Hg、Cr、Ag八种元素的污染等级为0级，污染程度为清洁。点位10、11、13的污染等级为1级，污染程度为轻度污染；点位1、2、3、4、5、6、7、8、9、12、14的污染等级为0级，污染程度为清洁。

R层土壤地累积指数见表3-39。R层土壤地累积指数法评价结果见表3-40。

表3-39　R层土壤地累积指数

检测项目	R层土壤地累积指数 I_{geo}									
	Zn	Pb	Cu	Cd	As	Ni	Hg	Cr	Ag	平均值
1	−0.45	−0.94	−1.04	−1.56	−0.56	−1.33	−1.13	−1.37	−1.56	−1.10
2	−0.47	−0.73	−2.16	−1.12	−0.70	−1.77	−2.03	−1.65	−3.04	−1.52
3	−0.16	−1.37	−0.46	−0.65	−0.86	−1.79	−0.51	−1.60	−0.78	−0.91
4	0.13	−1.66	1.07	−0.77	−1.67	−2.17	−2.37	−1.97	−0.55	−1.11
5	−0.90	−1.09	−2.08	−1.51	−1.51	−1.45	−2.35	−0.83	−0.94	−1.41
6	−1.88	−3.55	−2.43	−2.04	−2.20	−1.47	−1.57	−1.44	−1.59	−2.02
7	−0.41	−1.41	−0.83	−1.11	−0.36	−2.25	−2.13	−1.95	−0.09	−1.17
8	−1.43	−3.40	−2.04	−1.56	−2.23	−1.50	−1.58	−1.57	−0.96	−1.81
9	1.42	−0.18	0.69	0.86	−1.03	−4.13	−2.37	−2.89	0.52	−0.79
10	2.64	0.12	2.28	2.04	0.78	−3.62	0.07	−2.36	1.20	0.35
11	2.70	0.95	2.29	1.98	0.00	−3.27	0.42	−2.03	1.65	0.52
12	2.01	0.85	0.82	1.27	−0.09	−3.63	−0.37	−2.98	1.74	−0.04

检测项目	R层土壤地累积指数 I_{geo}									
	Zn	Pb	Cu	Cd	As	Ni	Hg	Cr	Ag	平均值
13	1.36	1.87	−0.11	1.27	0.63	−1.32	0.42	−1.15	0.65	0.40
14	−0.54	−0.56	−1.81	−0.80	−1.12	−0.22	−0.93	−0.90	0.00	−0.76
平均值	0.29	−0.79	−0.41	−0.26	−0.78	−2.14	−1.17	−1.76	−0.27	

表3-40 R层土壤地累积指数法评价结果

检测项目	R层土壤地累积级数									
	Zn	Pb	Cu	Cd	As	Ni	Hg	Cr	Ag	平均值
1	0	0	0	0	0	0	0	0	0	0
2	0	0	0	0	0	0	0	0	0	0
3	0	0	0	0	0	0	0	0	0	0
4	1	0	2	0	0	0	0	0	0	0
5	0	0	0	0	0	0	0	0	0	0
6	0	0	0	0	0	0	0	0	0	0
7	0	0	0	0	0	0	0	0	0	0
8	0	0	0	0	0	0	0	0	0	0
9	2	0	1	1	0	0	0	0	1	0
10	3	1	3	3	1	0	1	0	2	1
11	3	1	3	2	0	0	1	0	2	1
12	3	1	1	2	0	0	0	0	2	0
13	2	2	0	2	1	0	1	0	1	1
14	0	0	0	0	0	0	0	0	0	0
平均值	1	0	0	0	0	0	0	0	0	

3.8.6 整体土壤污染评价

在平均土壤层中，Zn、Pb、Cd 三种元素的污染等级为 2 级，污染程度为偏中污染，为研究区土壤的主要污染因子；Cu、As、Hg、Ag 四种元素的污染等级为 1 级，污染程度为轻度污染；Ni、Cr 两种元素的污染等级为 0 级，污染程度为清洁。点位 1 的污染等级为 2 级，污染程度为偏中污染，为研究区土壤的主要污染点位；点位 2、3、5、7、8、11、13 的污染等级为 1 级，污染程度为轻度污染；点位 4、6、9、10、12、

14 的污染等级为 0 级，污染程度为清洁。

平均土壤层地累积指数见表 3－41。平均土壤层地累积指数法评价结果见表 3－42。

表 3－41 平均土壤层地累积指数

检测项目	平均土壤层地累积指数 I_{geo}									
	Zn	Pb	Cu	Cd	As	Ni	Hg	Cr	Ag	平均值
1	1.66	2.72	0.27	2.80	3.65	−1.35	2.65	−1.35	1.22	1.36
2	1.77	2.20	0.89	1.59	1.58	−2.74	1.48	−2.18	0.64	0.58
3	2.61	2.18	0.92	2.19	1.50	−2.65	1.28	−1.90	0.43	0.73
4	1.24	0.94	1.60	0.93	−0.27	−3.07	−0.55	−2.37	0.38	−0.13
5	2.05	2.15	0.57	1.72	0.66	−2.25	0.67	−1.62	0.49	0.49
6	1.42	0.44	0.29	0.76	−0.33	−2.84	−0.95	−2.35	0.26	−0.37
7	1.85	1.56	0.61	1.34	0.53	−2.56	−0.11	−1.78	0.63	0.23
8	1.83	1.49	0.76	1.24	0.74	−2.67	0.30	−2.15	0.66	0.25
9	1.30	1.40	0.61	0.71	−0.01	−3.48	−0.35	−2.49	0.40	−0.21
10	1.72	0.46	1.07	1.14	−0.02	−3.04	−0.92	−2.22	1.07	−0.08
11	1.95	1.75	1.01	1.47	0.78	−1.95	1.18	−1.54	0.84	0.61
12	1.34	0.14	0.60	0.59	−0.83	−3.69	−1.59	−2.79	0.88	−0.59
13	1.50	1.99	−0.07	1.36	0.78	−1.37	0.48	−1.26	0.39	0.42
14	−0.43	−0.67	−1.76	−0.79	−1.41	−0.49	−1.42	−0.84	−2.27	−1.12
平均值	1.56	1.34	0.53	1.22	0.52	−2.44	0.15	−1.92	0.43	

表 3－42 平均土壤层地累积指数法评价结果

检测项目	平均土壤层地累积级数									
	Zn	Pb	Cu	Cd	As	Ni	Hg	Cr	Ag	平均值
1	2	3	1	3	4	0	3	0	2	2
2	2	3	1	2	2	0	2	0	1	1
3	3	3	1	3	2	0	2	0	1	1
4	2	1	2	1	0	0	0	0	1	0
5	3	3	1	2	1	0	1	0	1	1
6	2	1	1	1	0	0	0	0	1	0
7	2	2	1	2	1	0	0	0	1	1
8	2	2	1	2	1	0	1	0	1	1

检测项目	平均土壤层地累积级数									
	Zn	Pb	Cu	Cd	As	Ni	Hg	Cr	Ag	平均值
9	2	2	1	1	0	0	0	0	1	0
10	2	1	2	2	0	0	0	0	2	0
11	2	2	2	2	1	0	2	0	1	1
12	2	1	1	1	0	0	0	0	1	0
13	2	2	0	2	1	0	1	0	1	1
14	0	0	0	0	0	0	0	0	0	0
平均值	2	2	1	2	1	0	1	0	1	

A、B、C、R四层土壤均显示Zn为主要污染因子,Ni、Cr为未污染元素。B层和R层的主要污染因子相同,A层的主要污染因子比C层的主要污染因子多一个Pb元素。R层的评价结果显示未污染的元素最多,由此可见R层是受污染程度最轻的土壤层。综上所述,地累积指数法显示研究区的主要污染因子为Zn、Pb、Cd三种元素,未污染的元素为Ni、Cr,主要的污染点位是点位1。

研究区土壤地累积指数法评价结果见表3-43。

表3-43　研究区土壤地累积指数法评价结果

	主要污染因子	未污染元素	主要污染点位
A层	Zn、Pb、Cd	Ni、Cr	1、2、3
B层	Zn	Ni、Hg、Cr、Ag	3、5
C层	Zn、Cd	As、Ni、Hg、Cr	1
R层	Zn	Pb、Cu、Cd、As、Ni、Hg、Cr、Ag	10、11、13
平均	Zn、Pb、Cd	Ni、Cr	1

3.9　土壤污染生态风险评价

3.9.1　潜在生态危害指数法

生态风险评价运用的是潜在生态危害指数法,此方法综合考虑了重金属元素含量、生态及环境效应,并以定量的方法将重金属元素的潜在生态风险划分等级。由生态风险评价的结果可得出土壤重金属单项潜在生态风险指数大小以及风险等级,确定主要的污染因子。其计算公式如下：

$$RI = \sum E_r^i$$

$$E_r^i = T_r^i \times C_f^i$$

$$C_f^i = \frac{C_D^i}{C_n^i}$$

式中，RI 为潜在生态危害指数；E_r^i 为潜在生态危害单项系数；T_r^i 为某种重金属元素的毒性响应系数；C_f^i 为某种重金属元素的污染指数；C_D^i 为某种重金属元素的实测含量；C_n^i 为元素对应的参比值，本书选用的是研究区的土壤背景值。

本书按照 Hakanson 所计算的毒性响应系数以及徐争启等在 Hakanson 所用方法的基础上计算出的结果确定各重金属元素的 T_r^i 值。

各重金属元素的毒性响应系数见表 3-44。潜在生态危害单项系数 E_r^i 与潜在生态危害指数 RI 的分级标准见表 3-45。

表 3-44　各重金属元素的毒性响应系数

元素	Zn	Pb	Cu	Cd	As	Ni	Hg	Cr
T_r^i	1	5	5	30	10	5	40	2

表 3-45　潜在生态危害单项系数 E_r^i 与潜在生态危害指数 RI 的分级标准

E_r^i 取值范围	RI 取值范围	污染程度
$E_r^i<40$	$RI<150$	轻度生态危害
$40 \leqslant E_r^i<80$	$150 \leqslant RI<300$	中等生态危害
$80 \leqslant E_r^i<160$	$300 \leqslant RI<600$	强度生态危害
$160 \leqslant E_r^i<320$	$RI \geqslant 600$	很强生态危害
$E_r^i \geqslant 320$		极度生态危害

3.9.2　A 层土壤潜在生态风险评价

在 A 层土壤中，Cd 元素的 E_r^i 等级为很强，Hg 元素的 E_r^i 等级为强度，这两种元素为 A 层土壤的主要污染因子；Zn、Pb、Cu、As、Ni、Cr 六种元素的 E_r^i 等级为轻度，可能对 A 层土壤的污染程度相对较轻。点位 1、2、3 的 RI 等级为很强，为 A 层土壤的主要污染点位，其他点位中，点位 4、5、8、9 的 RI 等级为强度，点位 6、7、10、11、13 的 RI 等级为中等，点位 12、14 的 RI 等级为轻度。

A 层土壤潜在生态危害指数法评价结果见表 3-46。

表3-46　A层土壤潜在生态危害指数法评价结果

检测项目	E_r^i								RI	RI 等级
	Zn	Pb	Cu	Cd	As	Ni	Hg	Cr		
1	11.57	80.45	12.82	247.55	107.91	1.41	162.11	0.98	624.80	很强
2	14.11	78.11	9.95	325.17	68.59	0.89	174.74	0.78	672.34	很强
3	12.48	54.26	10.55	386.01	38.73	1.27	216.84	0.91	721.05	很强
4	6.63	47.24	8.92	192.17	28.94	1.17	120.00	0.87	405.94	强度
5	8.20	57.06	11.94	211.89	34.52	1.23	138.95	0.86	464.65	强度
6	5.24	28.02	11.46	110.14	26.75	0.76	75.79	0.61	258.76	中等
7	4.06	26.85	10.71	101.96	21.99	1.46	54.74	1.22	222.98	中等
8	6.07	6.45	10.35	185.03	63.10	0.35	229.47	0.33	501.16	强度
9	7.03	59.87	12.15	147.48	41.11	1.42	155.79	1.12	425.97	强度
10	3.29	18.48	7.72	87.06	19.62	1.97	46.32	1.13	185.58	中等
11	2.81	19.60	6.02	63.99	25.51	2.89	65.26	1.22	187.28	中等
12	2.52	8.42	10.86	47.20	7.41	0.87	14.95	0.60	92.83	轻度
13	4.81	36.11	7.77	128.60	27.34	2.43	82.11	1.24	290.40	中等
14	0.27	0.69	1.16	6.31	2.41	2.93	5.26	1.18	20.21	轻度
平均值	6.36	37.26	9.45	160.04	36.71	1.50	110.17	0.93		
E_r^i 等级	轻度	轻度	轻度	很强	轻度	轻度	强度	轻度		

3.9.3　B层土壤潜在生态风险评价

在B层土壤中，Cd和Hg元素的E_r^i等级为强度，这两种元素为B层土壤的主要污染因子；Zn、Pb、Cu、As、Ni、Cr六种元素的E_r^i等级为轻度，可能对B层土壤的污染程度相对较轻。点位2、3、5的RI等级为很强，为B层土壤的主要污染点位，其他点位中，点位7、11的RI等级为强度，点位8、13的RI等级为中等，点位1、4、6、9、10、12、14的RI等级为轻度。

B层土壤潜在生态危害指数法评价结果见表3-47。

表3-47　B层土壤潜在生态危害指数法评价结果

检测项目	E_r^i								RI	RI 等级
	Zn	Pb	Cu	Cd	As	Ni	Hg	Cr		
1	1.07	5.66	3.57	23.50	11.48	6.09	58.95	1.57	111.88	轻度

检测项目	E_r^i								RI	RI 等级
	Zn	Pb	Cu	Cd	As	Ni	Hg	Cr		
2	1.56	6.13	11.77	98.60	97.39	0.52	467.37	0.42	683.76	很强
3	16.25	74.37	15.75	283.22	107.00	0.93	273.68	0.85	772.04	很强
4	3.29	4.43	23.80	58.95	9.74	0.36	21.05	0.34	121.96	轻度
5	11.68	68.76	11.84	293.71	44.54	1.58	216.84	0.92	649.86	很强
6	4.41	5.94	8.51	77.83	5.72	0.35	10.95	0.28	113.98	轻度
7	6.47	48.64	11.00	149.16	34.16	1.56	122.11	1.04	374.14	强度
8	8.58	60.80	12.70	117.48	24.83	1.21	27.37	1.00	253.98	中等
9	1.26	4.22	11.31	17.81	3.71	0.41	7.37	0.28	46.37	轻度
10	2.65	8.19	7.69	47.41	8.23	0.60	8.21	0.43	83.42	轻度
11	4.65	30.45	7.57	113.29	31.96	2.11	265.26	1.17	456.47	强度
12	3.26	6.17	12.22	58.53	7.45	0.44	9.89	0.34	98.32	轻度
13	4.22	27.27	7.09	115.59	24.74	2.86	86.32	1.28	269.37	中等
14	1.85	7.39	3.14	40.28	6.58	5.82	25.26	2.11	92.43	轻度
平均值	5.09	25.60	10.57	106.81	29.82	1.77	114.33	0.86		
E_r^i 等级	轻度	轻度	轻度	强度	轻度	轻度	强度	轻度		

3.9.4　C层土壤潜在生态风险评价

在C层土壤中，Cd 和 Hg 元素的 E_r^i 等级为强度，这两种元素为C层土壤的主要污染因子；As 元素的 E_r^i 等级为中等，而 Zn、Pb、Cu、Ni、Cr 五种元素的 E_r^i 等级为轻度，可能对C层土壤的污染程度相对较轻。点位1的 RI 等级为很强，为C层土壤的主要污染点位，其他点位中，点位11的 RI 等级为强度，点位2、3、6、7、8、13的 RI 等级为中等，点位4、5、9、10、12、14的 RI 等级为轻度。

C层土壤潜在生态危害指数法评价结果见表3−48。

表3−48　C层土壤潜在生态危害指数法评价结果

检测项目	E_r^i								RI	RI 等级
	Zn	Pb	Cu	Cd	As	Ni	Hg	Cr		
1	5.24	107.11	16.23	969.23	621.86	1.31	1256.84	0.99	2978.80	很强
2	3.69	49.11	32.12	96.08	3.76	0.89	11.79	0.48	197.92	中等

检测项目	E_r^i								RI	RI等级
	Zn	Pb	Cu	Cd	As	Ni	Hg	Cr		
3	6.60	4.49	25.17	123.78	15.73	0.42	50.53	0.46	227.18	中等
4	2.62	3.39	42.67	65.45	6.31	0.37	10.74	0.34	131.89	轻度
5	4.14	4.04	19.13	73.01	10.61	0.75	13.89	0.42	125.99	轻度
6	6.01	6.22	15.24	106.36	11.98	0.38	17.05	0.37	163.62	中等
7	9.92	10.29	19.75	184.41	18.56	0.49	31.58	0.46	275.46	中等
8	6.15	16.23	25.89	108.25	9.28	0.50	18.95	0.35	185.60	中等
9	2.45	8.61	10.09	47.83	7.54	0.42	13.47	0.33	90.75	轻度
10	4.44	6.41	11.31	77.41	5.53	0.47	9.26	0.42	115.26	轻度
11	5.99	36.34	9.95	144.55	30.59	1.97	134.74	1.00	365.12	强度
12	3.37	4.96	9.20	56.85	4.89	0.42	8.42	0.40	88.52	轻度
13	4.12	28.48	6.76	110.14	27.39	3.29	86.32	1.15	267.65	中等
14	1.30	5.66	2.42	31.89	6.72	6.14	27.37	1.82	83.32	轻度
平均值	4.72	20.81	17.57	156.80	55.77	1.27	120.78	0.64		
E_r^i等级	轻度	轻度	轻度	强度	中等	轻度	强度	轻度		

3.9.5 R层土壤潜在生态风险评价

在R层土壤中，只有Cd元素的E_r^i等级为中等，为R层土壤的主要污染因子；Zn、Pb、Cu、As、Ni、Hg、Cr七种元素的E_r^i等级为轻度，可能对R层土壤的污染程度相对较轻。点位10、11的RI等级为强度，为R层土壤的主要污染点位，其他点位中，点位12、13的RI等级为中等，点位1、2、3、4、5、6、7、8、9、14的RI等级为轻度。

R层土壤潜在生态危害指数法评价结果见表3—49。

表3—49 R层土壤潜在生态危害指数法评价结果

检测项目	E_r^i								RI	RI等级
	Zn	Pb	Cu	Cd	As	Ni	Hg	Cr		
1	1.10	3.91	3.64	15.31	10.15	2.99	27.37	1.16	65.63	轻度
2	1.08	4.52	1.68	20.75	9.24	2.19	14.74	0.96	55.16	轻度
3	1.34	2.90	5.47	28.74	8.28	2.16	42.11	0.99	91.99	轻度

检测项目	E_r^i								RI	RI 等级
	Zn	Pb	Cu	Cd	As	Ni	Hg	Cr		
4	1.65	2.38	15.77	26.43	4.71	1.67	11.58	0.76	64.95	轻度
5	0.80	3.53	1.77	15.84	5.26	2.75	11.79	1.69	43.44	轻度
6	0.41	0.64	1.40	10.91	3.27	2.71	20.21	1.10	40.64	轻度
7	1.13	2.83	4.22	20.87	11.71	1.58	13.68	0.78	56.80	轻度
8	0.56	0.71	1.82	15.27	3.21	2.66	20.00	1.01	45.23	轻度
9	4.01	6.64	12.10	81.82	7.36	0.43	11.58	0.40	124.35	轻度
10	9.35	8.14	36.43	185.03	25.74	0.61	63.16	0.59	329.06	强度
11	9.73	14.50	36.67	177.90	14.95	0.78	80.00	0.74	335.27	强度
12	6.04	13.52	13.28	108.88	14.08	0.60	46.32	0.38	203.10	中等
13	3.85	27.41	6.93	108.46	23.23	3.01	80.00	1.35	254.24	中等
14	1.03	5.10	2.13	25.80	6.90	6.46	31.58	1.61	80.62	轻度
平均值	3.01	6.91	10.24	60.15	10.58	2.19	33.86	0.97		
E_r^i 等级	轻度	轻度	轻度	中等	轻度	轻度	轻度	轻度		

3.9.6　整体土壤潜在生态风险评价

在平均土壤层中，Cd 和 Hg 元素的 E_r^i 等级为强度，为平均土壤层的主要污染因子；Zn、Pb、Cu、As、Ni、Cr 六种元素的 E_r^i 等级为轻度，可能对研究区土壤的污染程度相对较轻。点位 1 的 RI 等级为很强，为研究区土壤的主要污染点位；其他点位中，点位 2、3、5、11 的 RI 等级为强度，点位 4、7、8、9、10、13 的 RI 等级为中等，点位 6、12、14 的 RI 等级为轻度。

平均土壤层潜在生态危害指数法评价结果见表 3—50。

表 3—50　平均土壤层潜在生态危害指数法评价结果

检测项目	E_r^i								RI	RI 等级
	Zn	Pb	Cu	Cd	As	Ni	Hg	Cr		
1	4.75	49.28	9.07	313.90	187.85	2.95	376.32	1.17	945.28	很强
2	5.11	34.47	13.88	135.15	44.75	1.12	167.16	0.66	402.30	强度
3	9.17	34.00	14.23	205.44	42.43	1.20	145.79	0.80	453.06	强度
4	3.55	14.36	22.79	85.75	12.43	0.89	40.84	0.58	181.18	中等

续表3—50

检测项目	E_r^i								RI	RI等级
	Zn	Pb	Cu	Cd	As	Ni	Hg	Cr		
5	6.21	33.35	11.17	148.61	23.73	1.58	95.37	0.97	320.99	强度
6	4.02	10.20	9.15	76.31	11.93	1.05	31.00	0.59	144.25	轻度
7	5.39	22.15	11.42	114.10	21.60	1.27	55.53	0.87	232.34	中等
8	5.34	21.05	12.69	106.51	25.10	1.18	73.95	0.67	246.49	中等
9	3.69	19.84	11.42	73.74	14.93	0.67	47.05	0.53	171.86	中等
10	4.93	10.30	15.79	99.23	14.78	0.91	31.74	0.64	178.33	中等
11	5.79	25.22	15.05	124.93	25.75	1.94	136.32	1.03	336.04	强度
12	3.80	8.27	11.39	67.87	8.46	0.58	19.89	0.43	120.69	轻度
13	4.25	29.82	7.14	115.70	25.67	2.90	83.68	1.25	270.42	中等
14	1.11	4.71	2.21	26.07	5.65	5.34	22.37	1.68	69.14	轻度
平均值	4.79	22.64	11.96	120.95	33.22	1.68	94.79	0.85		
E_r^i等级	轻度	轻度	轻度	强度	轻度	轻度	强度	轻度		

第 4 章　污染土壤健康风险评估

场地环境风险评估主要包括以下三个方面的内容：

（1）暴露分析：确认暴露模式。

（2）毒性分析：确定污染浓度水平与健康之间的关系。

（3）风险评估：通过风险值/危害指数计算确定场地环境风险。

4.1　污染场地概念模型

污染场地概念模型包括三个组成部分：污染源、迁移途径和受体。三者的关系如图 4-1 所示。

图 4-1　污染场地概念模型

污染因子通过一定途径迁移，并使关注受体暴露于一定水平的健康风险。需要对暴露途径、污染物的毒理参数、健康风险受体等进行分析，然后进行场地环境健康风险定量计算。

4.2　暴露分析

暴露方式可分为暴露路线和暴露途径两部分。暴露路线是指有害物质以什么样的扩散方式到达人体所在地点，与人体接触，如扬尘、地表水、地下水、食物等。一般污染物的暴露路线可分为经土（含沉淀污泥）和经水（地下水、地表水）。暴露途径是指有毒有害物质达到人体所在地点后以什么样的方式进入人体，给人体健康带来风险，如呼吸吸入、饮食、皮肤接触吸收等。土壤暴露模式为住宅用地，暴露途径为经口直接摄入、皮肤接触吸收和呼吸摄入等。场地暴露途径分析见表4-1。

表4-1　场地暴露途径分析

暴露途径	用地类型	受体类型
经口摄入土壤	居住用地	儿童+成人
皮肤接触土壤	居住用地	儿童+成人
吸入室内土壤颗粒物	居住用地	儿童+成人
吸入室外土壤颗粒物	居住用地	儿童+成人
吸入表层土壤室外蒸汽	居住用地	儿童+成人
吸入下层土壤室外蒸汽	居住用地	儿童+成人
吸入下层土壤室内蒸汽	居住用地	儿童+成人

4.3　毒性分析

在场地环境风险评估中，对人体健康造成的危害可分为两大类型：非致癌风险和致癌风险。

非致癌风险是指有毒有害物质欲对人体造成危害，必须有一个最小剂量（即阈值），当进入人体的剂量小于该阈值时，不会对人体健康造成可探查到的危害。对单一非致癌风险的量化评估指标为危害商，即浓度与阈值的比，当该值大于1时，认为该浓度已经达到对人体危害的程度，需要采取措施。多种有害物质经同一途径或一种有害物质经多种暴露途径的危害商之和，称为危害指数。

致癌风险的特点是不存在类似于非致癌风险的阈值，即使非常小的剂量也会对人体健康造成一定的危害，其危害也许要在几十年后才能由最初的分子生物学水平发展成最终的临床病变。其风险量化指标一般分为两部分：一是证据等级，二是斜率系数。证据等级是对其致癌能力的可信度的分级。斜率系数主要针对证据等级为A和B的致癌物质，反映摄入浓度与致癌风险之间的量化关系。斜率系数与摄入量的乘积称为致癌风险值，通常简称风险值。

一种化学物质对人体可能同时具有致癌风险和非致癌风险，遇到此种情况，在风险评估中需要同时计算，并取最保守的结果。

在土壤环境风险评估中，致癌风险斜率因子 SF 和慢性毒性参考剂量 RfD 分别是计算风险值和危害商所必需的参数。土壤关注污染物的毒理性参数见表4-2。

表 4-2　土壤关注污染物的毒理性参数

序号	污染物名称	致癌风险斜率因子 SF $[mg/(kg \cdot d)]^{-1}$			慢性毒性参考剂量 RfD $[mg/(kg \cdot d)]$		
		经口摄入	呼吸摄入	皮肤接触	经口摄入	呼吸摄入	皮肤接触
1	锌	—	—	—	3.00E-01	—	3.00E-01
2	铅	—	—	—	—	—	—
3	铜	—	—	—	4.00E-02	2.55E-04	4.00E-02
4	镉	3.80E-01	—	3.80E-01	1.00E-03	1.00E-03	1.00E-05
5	砷	1.50E+00	—	1.50E+00	3.00E-04	8.60E-06	1.23E-04
6	镍	—	—	—	2.00E-02	—	—

注：数据来源于《场地环境评价导则》（DB11/T 656—2009）和《污染场地风险评估技术导则》（DB33/T 892—2013）。

4.4　暴露量计算模型

在确定目标污染场地的污染物后，通过在场地上活动的人群对土壤污染物的摄入量来分析场地的健康风险。本次评估选择的土壤暴露模式为住宅用地，暴露途径为经口摄入土壤、皮肤接触土壤、吸入土壤颗粒物、吸入室外空气中来自土壤的气态污染物、吸入室内空气中来自土壤的气态污染物。根据《污染场地风险评估技术导则》，污染土壤中每一种致癌物质的风险值可以通过经口、经皮肤、经呼吸吸入、吸入室外和室内空气中来自土壤的气态污染物等摄入量与致癌风险斜率因子的乘积相加后得出。对于场地土壤中非致癌污染物的风险，采用危害商进行描述，它是不同途径摄入量与毒理学参考剂量的比值。

4.4.1　摄入量的计算

（1）经口摄入土壤途径。

对于单一污染物的致癌效应，考虑人群在成人期暴露的终生危害。经口摄入土壤途径对应的土壤暴露量采用公式（4-1）计算：

$$OISER_{ca} = \frac{\left(\dfrac{OSIR_c \times ED_c \times EF_c}{BW_c} + \dfrac{OSIR_a \times ED_a \times EF_a}{BW_a}\right) \times ABS_o}{AT_{ca}} \times 10^{-6}$$

$$(4-1)$$

式中，$OISER_{ca}$——经口摄入土壤暴露量（致癌效应），kg 土壤/(kg 体重·d)；

$OSIR_c$——儿童每日摄入土壤量，mg/d；

$OSIR_a$——成人每日摄入土壤量，mg/d；

ED_c——儿童暴露周期，a；

ED_a——成人暴露周期，a；

EF_c——儿童暴露频率，d/a；

EF_a——成人暴露频率，d/a；

BW_c——儿童体重，kg；

BW_a——成人体重，kg；

ABS_o——经口摄入吸收效率因子，无量纲；

AT_{ca}——致癌效应平均时间，d。

对于单一污染物的非致癌效应，考虑人群在儿童期暴露受到的危害。经口摄入土壤途径对应的土壤暴露量采用公式（4-2）计算：

$$OISER_{nc} = \frac{OSIR_c \times ED_c \times EF_c \times ABS_o}{BW_c \times AT_{nc}} \times 10^{-6} \qquad (4-2)$$

式中，$OISER_{nc}$——经口摄入土壤暴露量（非致癌效应），kg 土壤/（kg 体重·d）；

AT_{nc}——非致癌效应平均时间，d；

ED_c，EF_c，BW_c，ABS_o 的含义见公式（4-1）。

（2）皮肤接触土壤途径。

对于单一污染物的致癌效应，考虑人群在儿童期和成人期暴露的终生危害。皮肤接触土壤途径对应的土壤暴露量采用公式（4-3）计算：

$$DCSER_{ca} = \frac{SAE_c \times SSAR_c \times EF_c \times ED_c \times E_v \times ABS_d}{BW_c \times AT_{ca}} \times 10^{-6} +$$

$$\frac{SAE_a \times SSAR_a \times EF_a \times ED_a \times E_v \times ABS_d}{BW_a \times AT_{ca}} \times 10^{-6} \qquad (4-3)$$

式中，$DCSER_{ca}$——皮肤接触途径的土壤暴露量（致癌效应），kg 土壤/（kg 体重·d）；

SAE_c——儿童暴露皮肤表面积，cm^2；

SAE_a——成人暴露皮肤表面积，cm^2；

$SSAR_c$——儿童皮肤表面土壤黏附系数，mg/cm^2；

$SSAR_a$——成人皮肤表面土壤黏附系数，mg/cm^2；

ABS_d——皮肤接触吸收效率因子，无量纲；

E_v——每日皮肤接触事件频率，次/d；

EF_c，ED_c，BW_c，EF_a，ED_a，BW_a，AT_{ca} 的含义见公式（4-1）。

SAE_c 和 SAE_a 的参数值分别采用公式（4-4）和公式（4-5）计算：

$$SAE_c = 239 \times H_c^{0.417} \times BW_c^{0.517} \times SER_c \qquad (4-4)$$

$$SAE_a = 239 \times H_a^{0.417} \times BW_a^{0.517} \times SER_a \qquad (4-5)$$

式中，H_c——儿童平均身高，cm；

H_a——成人平均身高，cm；

SER_c——儿童暴露皮肤所占面积比，无量纲；

SER_a——成人暴露皮肤所占面积比，无量纲；

BW_c 和 BW_a 的含义见公式（4-1）。

对于单一污染物的非致癌效应，考虑人群在儿童期暴露受到的危害。皮肤接触土壤途径对应的土壤暴露量采用公式（4-6）计算：

$$DCSER_{nc} = \frac{SAE_c \times SSAR_c \times EF_c \times ED_c \times E_v \times ABS_d}{BW_c \times AT_{nc}} \times 10^{-6} \quad (4-6)$$

式中，$DCSER_{nc}$——皮肤接触的土壤暴露量（非致癌效应），kg 土壤/(kg 体重·d)；

SAE_c，$SSAR_c$，E_v，ABS_d 的含义见公式（4-3），EF_c，ED_c，BW_c 的含义见公式（4-1），AT_{nc} 的含义见公式（4-2）。

（3）吸入土壤颗粒物途径。

对于单一污染物的致癌效应，考虑人群在儿童期和成人期暴露的终生危害。吸入土壤颗粒物途径对应的土壤暴露量采用公式（4-7）计算：

$$PISER_{ca} = \frac{PM_{10} \times DAIR_c \times ED_c \times PIAF \times (f_{spo} \times EFO_c + f_{spi} \times EFI_c)}{BW_c \times AT_{ca}} \times 10^{-6} +$$

$$\frac{PM_{10} \times DAIR_a \times ED_a \times PIAF \times (f_{spo} \times EFO_a + f_{spi} \times EFI_a)}{BW_a \times AT_{ca}} \times 10^{-6}$$

$$(4-7)$$

式中，$PISER_{ca}$——吸入土壤颗粒物的土壤暴露量（致癌效应），kg 土壤/(kg 体重·d)；

PM_{10}——空气中可吸入浮颗粒物含量，mg/m³；

$DAIR_a$——成人每日空气呼吸量，m³/d；

$DAIR_c$——儿童每日空气呼吸量，m³/d；

$PIAF$——吸入土壤颗粒物在体内滞留比例，无量纲；

f_{spi}——室内空气中来自土壤的颗粒物所占比例，无量纲；

f_{spo}——室外空气中来自土壤的颗粒物所占比例，无量纲；

EFI_a——成人的室内暴露频率，d/a；

EFI_c——儿童的室内暴露频率，d/a；

EFO_a——成人的室外暴露频率，d/a；

EFO_c——儿童的室外暴露频率，d/a；

ED_c，BW_c，ED_a，BW_a，AT_{ca} 的含义见公式（4-1）。

对于单一污染物的非致癌效应，考虑人群在儿童期暴露受到的危害。吸入土壤颗粒物途径对应的土壤暴露量采用公式（4-8）计算：

$$PISER_{nc} = \frac{PM_{10} \times DAIR_c \times ED_c \times PIAF \times (f_{spo} \times EFO_c + f_{spi} \times EFI_c)}{BW_c \times AT_{nc}} \times 10^{-6}$$

$$(4-8)$$

式中，$PISER_{nc}$——吸入土壤颗粒物的土壤暴露量（非致癌效应），kg 土壤/(kg 体重·d)；

PM_{10}，$DAIR_c$，f_{spo}，f_{spi}，EFO_c，EFI_c，$PIAF$ 的含义见公式（4-7），ED_c，BW_c，ED_a，BW_a 的含义见公式（4-1），AT_{nc} 的含义见公式（4-2）。

（4）吸入室外空气中气态污染物途径。

对于单一污染物的致癌效应，考虑人群在儿童期和成人期暴露的终生危害。吸入室外空气中来自场地表层土壤、下层土壤中的气态污染物对应的土壤暴露量，分别采用公式（4－9）和公式（4－10）计算：

$$IoVER_{ca1} = VF_{suroa} \times \left(\frac{DAIR_c \times EFO_c \times ED_c}{BW_c \times AT_{ca}} + \frac{DAIR_a \times EFO_a \times ED_a}{BW_a \times AT_{ca}} \right)$$

$$(4-9)$$

$$IoVER_{ca2} = VF_{suboa} \times \left(\frac{DAIR_c \times EFO_c \times ED_c}{BW_c \times AT_{ca}} + \frac{DAIR_a \times EFO_a \times ED_a}{BW_a \times AT_{ca}} \right)$$

$$(4-10)$$

式中，$IoVER_{ca1}$——吸入室外空气中来自表层土壤的气态污染物对应的土壤暴露量（致癌效应），kg 土壤/(kg 体重·d)；

$IoVER_{ca2}$——吸入室外空气中来自下层土壤的气态污染物对应的土壤暴露量（致癌效应），kg 土壤/(kg 体重·d)；

VF_{suroa}——表层土壤中污染物挥发对应的室外空气中土壤含量，kg/m³；

VF_{suboa}——下层土壤中污染物挥发对应的室外空气中土壤含量，kg/m³；

$DAIR_c$，$DAIR_a$，EFO_c，EFO_a，EFI_c，EFI_a 的含义见公式（4－7），ED_c，BW_c，ED_a，BW_a，AT_{ca} 的含义见公式（4－1）。

对于单一污染物的非致癌效应，考虑人群在儿童期暴露受到的危害。吸入室外空气中来自场地表层土壤、下层土壤中的气态污染物对应的土壤暴露量，分别采用公式（4－11）和公式（4－12）计算：

$$IoVER_{nc1} = VF_{suroa} \times \frac{DAIR_c \times EFO_c \times ED_c}{BW_c \times AT_{nc}} \qquad (4-11)$$

$$IoVER_{nc2} = VF_{suboa} \times \frac{DAIR_c \times EFO_c \times ED_c}{BW_c \times AT_{nc}} \qquad (4-12)$$

式中，$IoVER_{nc1}$——吸入室外空气中来自表层土壤的气态污染物对应的土壤暴露量（非致癌效应），kg 土壤/(kg 体重·d)；

$IoVER_{nc2}$——吸入室外空气中来自下层土壤的气态污染物对应的土壤暴露量（非致癌效应），kg 土壤/(kg 体重·d)；

VF_{suroa}，VF_{suboa} 的含义分别见公式（4－9）和公式（4－10），$DAIR_c$ 和 EFO_c 的含义见公式（4－7），AT_{nc} 的含义见公式（4－2），ED_c 和 BW_c 的含义见公式（4－1）。

（5）吸入室内空气中气态污染物途径。

对于单一污染物的致癌效应，考虑人群在儿童期和成人期暴露的终生危害。吸入室内空气中来自下层土壤中的气态污染物对应的土壤暴露量采用公式（4－13）计算：

$$IiVER_{ca1} = VF_{subia} \times \left(\frac{DAIR_c \times EFI_c \times ED_c}{BW_c \times AT_{ca}} + \frac{DAIR_a \times EFI_a \times ED_a}{BW_a \times AT_{ca}} \right)$$

$$(4-13)$$

式中，$IiVER_{ca1}$——吸入室内空气中来自下层土壤的气态污染物对应的土壤暴露量（致癌效应），kg 土壤/(kg 体重·d)；

VF_{subia}——室内空气中来自下层土壤的污染物蒸汽因子，kg/m³；

EFI_c，EFI_a，$DAIR_c$，$DAIR_a$ 的含义见公式（4−7），ED_c，BW_c，ED_a，BW_a，AT_{ca}的含义见公式（4−1）。

对于单一污染物的非致癌效应，考虑人群在儿童期暴露受到的危害。吸入室内空气中来自下层土壤的气态污染物对应的土壤暴露量采用公式（4−14）计算：

$$IiVER_{nc1} = VF_{subia} \times \frac{DAIR_c \times EFI_c \times ED_c}{BW_c \times AT_{nc}} \qquad (4-14)$$

式中，$IiVER_{nc1}$——吸入室内空气中来自下层土壤的气态污染物对应的土壤暴露量（非致癌效应），kg 土壤/（kg 体重·d）；

VF_{subia} 的含义见公式（4−13），EFI_c 的含义见公式（4−7），AT_{nc} 的含义见公式（4−2），ED_c 和 BW_c 的含义见公式（4−1）。

4.4.2 单一污染物致癌风险

（1）经口摄入土壤中单一污染物的致癌风险，采用公式（4−15）计算：

$$CR_{ois} = OISER_{ca} \times C_{sur} \times SF_o \qquad (4-15)$$

式中，CR_{ois}——经口摄入土壤暴露于单一污染物的致癌风险，无量纲；

C_{sur}——表层土壤中污染物浓度，mg/kg，必须根据场地调查获得参数值。

（2）皮肤接触土壤中单一污染物的致癌风险，采用公式（4−16）计算：

$$CR_{dcs} = DCSER_{ca} \times C_{sur} \times SF_d \qquad (4-16)$$

式中，CR_{dcs}——皮肤接触土壤暴露于单一污染物的致癌风险，无量纲。

（3）吸入土壤颗粒物中单一污染物的致癌风险，采用公式（4−17）计算：

$$CR_{pis} = PISER_{ca} \times C_{sur} \times SF_i \qquad (4-17)$$

式中，CR_{pis}——吸入土壤颗粒物暴露于单一污染物的致癌风险，无量纲。

（4）吸入室外空气中单一气态污染物的致癌风险，采用公式（4−18）计算：

$$CR_{iov} = (IoVER_{ca1} \times C_{sur} + IoVER_{ca2} \times C_{sub}) \times SF_i \qquad (4-18)$$

式中，CR_{iov}——吸入室外空气暴露于单一污染物的致癌风险，无量纲；

C_{sub}——下层土壤中污染物浓度，mg/kg，必须根据场地调查获得参数值。

（5）吸入室内空气中单一气态污染物的致癌风险，采用公式（4−19）计算：

$$CR_{iiv} = (IiVER_{ca1} \times C_{sub} + IiVER_{ca2} \times C_{gw}) \times SF_i \qquad (4-19)$$

式中，CR_{iiv}——吸入室内空气暴露于单一污染物的致癌风险，无量纲。

（6）单一土壤污染物经所有暴露途径的致癌风险，采用公式（4−20）计算：

$$CR_n = CR_{ois} + CR_{dcs} + CR_{pis} + CR_{iov} + CR_{iiv} \qquad (4-20)$$

式中，CR_n——经所有暴露途径暴露于单一污染物（第 n 种）的致癌风险，无量纲。

4.4.3 单一污染物非致癌危害商

（1）经口摄入污染土壤中单一污染物的非致癌危害商值，采用公式（4−21）计算：

$$HQ_{ois} = \frac{OISER_{nc} \times C_{sur}}{RfD_o \times SAF} \qquad (4-21)$$

式中，HQ_{ois}——经口摄入土壤暴露于单一污染物的非致癌危害商值，无量纲；

SAF——暴露于土壤的参考剂量分配系数，无量纲。

（2）皮肤接触污染土壤中单一污染物的非致癌危害商值，采用公式（4-22）计算：

$$HQ_{dcs} = \frac{DCSER_{nc} \times C_{sur}}{RfD_d \times SAF} \qquad (4-22)$$

式中，HQ_{dcs}——皮肤接触土壤暴露于单一污染物的非致癌危害商值，无量纲。

（3）吸入受污染土壤颗粒物中单一污染物的非致癌危害商值，采用公式（4-23）计算：

$$HQ_{pis} = \frac{PISER_{nc} \times C_{sur}}{RfD_i \times SAF} \qquad (4-23)$$

式中，HQ_{pis}——吸入土壤颗粒物暴露于单一污染物的非致癌危害商值，无量纲。

（4）吸入室外空气中单一气态污染物的非致癌危害商值，采用公式（4-24）计算：

$$HQ_{iov} = \frac{IoVER_{nc1} \times C_{sur} + IoVER_{nc2} \times C_{sub} + IoVER_{nc3} \times C_{gw}}{RfD_i \times SAF} \qquad (4-24)$$

式中，HQ_{iov}——吸入室外空气暴露于单一污染物的非致癌危害商值，无量纲。

（5）吸入室内空气中单一气态污染物的非致癌危害商值，采用公式（4-25）计算：

$$HQ_{iiv} = \frac{IiVER_{nc1} \times C_{sub} + IiVER_{nc2} \times C_{gw}}{RfD_i \times SAF} \qquad (4-25)$$

式中，HQ_{iiv}——吸入室内空气暴露于单一污染物的非致癌危害商值，无量纲。

（6）单一土壤污染物经所有途径的非致癌危害商值，采用公式（4-26）计算：

$$HQ_n = HQ_{ois} + HQ_{dcs} + HQ_{pis} + HQ_{iov} + HQ_{iiv} \qquad (4-26)$$

式中，HQ_n——经所有途径暴露于单一污染物（第 n 种）的非致癌危害指数，无量纲。

4.4.4 所有污染物致癌风险和非致癌危害指数

（1）所有关注污染物经所有途径的致癌风险，采用公式（4-27）计算：

$$CR_{sum} = \sum_{1}^{n} CR_n \qquad (4-27)$$

式中，CR_{sum}——n 种关注污染物的总致癌风险，无量纲。

（2）所有关注污染物经所有暴露途径的非致癌危害指数，采用公式（4-28）计算：

$$HQ_{sum} = \sum_{1}^{n} HQ_n \qquad (4-28)$$

式中，HQ_{sum}——n 种关注污染物的非致癌危害指数，无量纲。

4.4.5 计算参数选择

在摄入量计算中，本次评估采用了《污染场地风险评估技术导则》附表 H 的推荐值，具体参数值见表 4－3。

表 4－3 土壤摄入量计算参数

符 号	名 称	单位	住宅类用地推荐值
$OSIR_c$	儿童每日摄入土壤量	mg/d	200
$OSIR_a$	成人每日摄入土壤量	mg/d	100
ED_c	儿童暴露周期	a	6
ED_a	成人暴露周期	a	24
EF_c	儿童暴露频率	d/a	350
EF_a	成人暴露频率	d/a	350
BW_c	儿童体重	kg	15.9
BW_a	成人体重	kg	55.9
ABS_o	经口摄入吸收效率因子	无量纲	1
AT_{ca}	致癌效应平均时间	d	26280
AT_{nc}	非致癌效应平均时间	d	2190
$SSAR_c$	儿童皮肤表面土壤黏附系数	mg/cm^2	0.2
$SSAR_a$	成人皮肤表面土壤黏附系数	mg/cm^2	0.07
E_v	每日皮肤接触事件频率	次/d	1
H_c	儿童平均身高	cm	99.4
H_a	成人平均身高	cm	156.3
SER_c	儿童暴露皮肤所占面积比	无量纲	0.36
SER_a	成人暴露皮肤所占面积比	无量纲	0.32
PM_{10}	空气中可吸入浮颗粒物含量	mg/m^3	0.15
$DAIR_a$	成人每日空气呼吸量	m^3/d	15
$DAIR_c$	儿童每日空气呼吸量	m^3/d	7.5
$PIAF$	吸入土壤颗粒物在体内滞留比例	无量纲	0.75
f_{spi}	室内空气中来自土壤的颗粒物所占比例	无量纲	0.8
f_{spo}	室外空气中来自土壤的颗粒物所占比例	无量纲	0.5
EFI_a	成人的室内暴露频率	d/a	262.5
EFI_c	儿童的室内暴露频率	d/a	262.5
EFO_a	成人的室外暴露频率	d/a	87.5
EFO_c	儿童的室外暴露频率	d/a	87.5

符号	名　称	单位	住宅类用地推荐值
SAF	暴露于土壤的参考剂量分配系数	无量纲	0.20
ACR	单一污染物可接受致癌风险	无量纲	10^{-6}
AHQ	可接受危害商值	无量纲	1

4.5　风险评估数值

敏感人群（含儿童）暴露量结果见表4－4。敏感人群（不含儿童）暴露量结果见表4－5。毒性参数计算结果见表4－6。

表4－6　毒性参数计算结果

毒性参数	锌	铅	铜	镉	砷	镍
SF_i	—	—	—	6.708	—	0.901
RfD_i	0.3	—	0.000268336	0.001	0.0000086	0.000026
SF_d	—	—	—	15.2	1.5	—
RfD_d	0.06	—	0.0004	0.000025	0.000123	0.0054

对锌、铜、镉、砷和镍超标点位进行致癌风险和危害商表征，结果见表4－7～表4－16。

表 4—4 敏感人群（含儿童）暴露量结果

暴露量计算

[单位：kg/(kg·d)]

暴露途径	效应	锌	铅	铜	镉	砷	镍
经口摄入土壤途径	$OISER_{ca}$	1.57694E-06	—	1.57694E-06	1.57694E-06	1.57694E-06	1.57694E-06
	$OISER_{nc}$	1.20617E-05	—	4.82467E-07	4.58344E-06	1.20617E-05	4.82467E-07
皮肤接触土壤途径	$DCSER_{ca}$	4.24803E-09	—	4.24803E-08	4.24803E-09	1.27441E-07	4.24803E-09
	$DCSER_{nc}$	1.38167E-04	—	5.52666E-06	5.25033E-05	1.38167E-04	5.52666E-06
吸入土壤颗粒物途径	$PISER_{ca}$	2.10089E-08	—	2.10089E-08	2.10089E-08	2.10089E-08	2.10089E-08
	$PISER_{nc}$	7.69676E-08	—	7.69676E-08	7.69676E-08	7.69676E-08	7.69676E-08
吸入室内空气中污染物蒸汽途径	VOS_{ca1}	—	—	—	—	—	—
	VOS_{ca2}	—	—	—	—	—	—
	VOS_{ca3}	—	—	—	—	—	—
	VOS_{nc1}	—	—	—	—	—	—
	VOS_{nc2}	—	—	—	—	—	—
	VOS_{nc3}	—	—	—	—	—	—
吸入室外空气中污染物蒸汽途径	VIS_{ca1}	—	—	—	—	—	—
	VIS_{ca2}	—	—	—	—	—	—
	VIS_{nc1}	—	—	—	—	—	—
	VIS_{nc2}	—	—	—	—	—	—
经口摄入地下水途径	OIW_{ca}	0.021487352	—	0.000859494	0.008165194	0.021487352	0.000859494
	OIW_{nc}	0.120616869	—	0.004824675	0.04583441	0.120616869	0.004824675

表4—5 敏感人群(不含儿童)暴露量计算结果

[单位:kg/(kg·d)]

暴露量计算

暴露途径	效应	锌	铅	铜	镉	砷	镍
经口摄入土壤途径	$OISER_{ca}$	5.71797E-07	—	2.28719E-08	2.17283E-07	5.71797E-07	2.28719E-08
	$OISER_{nc}$	6.86157E-06	—	2.74463E-07	2.6074E-06	6.86157E-06	2.74463E-07
皮肤接触土壤途径	$DCSER_{ca}$	1.94525E-09	—	1.94525E-08	1.94525E-09	5.83576E-08	1.94525E-09
	$DCSER_{nc}$	2.33431E-08	—	2.33431E-07	2.33431E-08	7.00292E-07	2.33431E-08
吸入土壤颗粒物途径	$PISER_{ca}$	1.45949E-08	—	1.45949E-08	1.45949E-08	1.45949E-08	1.45949E-08
	$PISER_{nc}$	1.75139E-07	—	1.75139E-07	1.75139E-07	1.75139E-07	1.75139E-07
吸入室内空气中污染物蒸汽途径	VOS_{ca1}						
	VOS_{ca2}						
	VOS_{ca3}						
	VOS_{nc1}						
	VOS_{nc2}						
	VOS_{nc3}						
吸入室外空气中污染物蒸汽途径	VIS_{ca1}						
	VIS_{ca2}						
	VIS_{nc1}						
	VIS_{nc2}						
经口摄入地下水途径	OIW_{ca}	0.011435946	—	0.000457438	0.00434566	0.011435946	0.00457438
	OIW_{nc}	0.137231357	—	0.005489254	0.052147916	0.137231357	0.005489254

表 4-7　锌污染物的致癌风险和危害商结果

风险表征	LMT1-1	LMT1-3	LMT2-1	LMT3-1	LMT3-2	LMT5-2	LMT7-3	LMT10-4	LMT11-4
CR_{ois}	—	—	—	—	—	—	—	—	—
CR_{dcs}	—	—	—	—	—	—	—	—	—
CR_{pis}	—	—	—	—	—	—	—	—	—
CR_{oos}	—	—	—	—	—	—	—	—	—
CR_{vis}	—	—	—	—	—	—	—	—	—
CR_{oiw}	—	—	—	—	—	—	—	—	—
CR_i	—	—	—	—	—	—	—	—	—
HQ_{ois}	0.174090348	0.078803021	0.21228569	0.18776026	0.244450188	0.175698573	0.149162861	0.140719681	0.146348468
HQ_{dcs}	9.971024669	4.513443037	12.15866288	10.75396887	14.00088452	10.06313575	8.543302892	8.059719709	8.382108498
HQ_{pis}	0.000303228	0.000137258	0.000369756	0.000327038	0.00042578	0.000306029	0.00025981	0.000245104	0.000254908
HQ_{oos}	—	—	—	—	—	—	—	—	—
HQ_{vis}	—	—	—	—	—	—	—	—	—
HQ_{oiw}	0.001206169	0.001206169	0.001206169	0.001206169	0.001206169	0.001206169	0.001206169	0.001206169	0.001206169
HQ_i	10.14662441	4.593589485	12.37252449	10.94326234	14.24696666	10.24034652	8.693931732	8.201890662	8.529918042

表4-8　铜污染物的致癌风险和危害商结果

风险表征	LMT1-3	LMT2-3	LMT3-2	LMT3-3	LMT4-2	LMT4-3	LMT4-4	LMT5-3	LMT6-3	LMT7-3	LMT8-3
CR_{ois}	—	—	—	—	—	—	—	—	—	—	—
CR_{dcs}	—	—	—	—	—	—	—	—	—	—	—
CR_{pis}	—	—	—	—	—	—	—	—	—	—	—
CR_{vis}	—	—	—	—	—	—	—	—	—	—	—
CR_{vas}	—	—	—	—	—	—	—	—	—	—	—
CR_{otw}	—	—	—	—	—	—	—	—	—	—	—
CR_i	—	—	—	—	—	—	—	—	—	—	—
HQ_{ois}	0.008165762	0.01616266	0.007924528	0.012664771	0.011977255	0.021469803	0.0079369	0.009625226	0.007671233	0.00993883	0.013026622
HQ_{dcs}	9.353880417	18.51432756	9.07754717	14.50749548	13.71994572	24.593659	9.091363832	11.02569656	8.78739726	11.3892978	14.92199535
HQ_{pis}	0.053004439	0.104912774	0.051438577	0.082207771	0.077745063	0.139361745	0.05151687	0.062477906	0.049794421	0.064513527	0.084556564
HQ_{ios}	—	—	—	—	—	—	—	—	—	—	—
HQ_{vis}	—	—	—	—	—	—	—	—	—	—	—
HQ_{otw}	3.98036E-05	3.98036E-05	3.98036E-05	3.98036E-05	3.98036E-05	3.98036E-05	3.98036E-05	3.98036E-05	3.98036E-05	3.98036E-05	3.98036E-05
HQ_i	9.415090422	18.6354428	9.136950078	14.60240782	13.80970784	24.75453035	9.150857095	11.0978395	8.844902718	11.45942194	15.01961834

表 4-9　铜污染物的致癌风险和危害商结果

风险表征	LMT10-4	LMT11-4	LMT12-5
CR_{ois}	—	—	—
CR_{dcs}	—	—	—
CR_{pis}	—	—	—
CR_{ios}	—	—	—
CR_{vis}	—	—	—
CR_{oiw}	—	—	—
CR_i	—	—	—
HQ_{ois}	0.018333764	0.018454381	0.010469544
HQ_{dcs}	21.00132679	21.13949341	11.99286293
HQ_{pis}	0.119005535	0.11978466	0.06795842424
HQ_{ios}	—	—	—
HQ_{vis}	—	—	—
HQ_{oiw}	3.98036E-05	3.98036E-05	3.98036E-05
HQ_i	21.13870589	21.27777606	12.0713307

表4-10 镉污染物的致癌风险和危害商结果

风险表征	LMT1-1	LMT1-3	LMT2-1	LMT3-1	LMT3-2	LMT4-1	LMT5-1	LMT5-2	LMT7-3	LMT8-1	LMT10-4
CR_{ois}	7.07099E-06	2.76847E-05	9.28816E-06	1.10259E-05	8.08969E-06	5.48901E-06	6.05229E-06	8.38931E-06	5.26729E-06	5.28527E-06	5.28527E-06
CR_{dcs}	7.61927E-07	2.98314E-06	1.00084E-06	1.18809E-06	8.71696E-07	5.91462E-07	6.52158E-07	9.03981E-07	5.67571E-07	5.69508E-07	5.69508E-07
CR_{pis}	1.66295E-06	6.51086E-06	2.18438E-06	2.59307E-06	1.90252E-06	1.2909E-06	1.42337E-06	1.97299E-06	1.23875E-06	1.24298E-06	1.24298E-06
CR_{cos}	—	—	—	—	—	—	—	—	—	—	—
CR_{ras}	—	—	—	—	—	—	—	—	—	—	—
CR_{oiw}	7.34867E-07	7.34867E-07	7.34867E-07	7.34867E-07	7.34867E-07	7.34867E-07	7.34867E-07	7.34867E-07	7.34867E-07	7.34867E-07	7.34867E-07
CR_i	1.02307E-05	3.79136E-05	1.32082E-05	1.5542E-05	1.15988E-05	8.10623E-06	8.86268E-06	1.20011E-05	7.80848E-06	7.83262E-06	7.83262E-06
HQ_{ois}	0.142327906	0.557249935	0.186956147	0.221935039	0.162832773	0.110485052	0.121823038	0.168863617	0.106022228	0.106384079	0.106384079
HQ_{dcs}	65.21464633	255.3319204	85.66330663	101.690635	74.60997674	50.62425088	55.81931593	77.37330921	48.57938485	48.7451848	48.7451848
HQ_{pis}	0.000247905	0.000970611	0.000325638	0.000386564	0.00028362	0.000192441	0.00021219	0.000294124	0.000184668	0.000185298	0.000185298
HQ_{cos}	—	—	—	—	—	—	—	—	—	—	—
HQ_{ras}	—	—	—	—	—	—	—	—	—	—	—
HQ_{oiw}	0.010855518	0.010855518	0.010855518	0.010855518	0.010855518	0.010855518	0.010855518	0.010855518	0.010855518	0.010855518	0.010855518
HQ_i	65.36807766	255.9009965	85.86144393	101.9238121	74.78394865	50.74578389	55.95220668	77.55332247	48.69644727	48.8626097	48.8626097

表 4-11　砷污染物的致癌风险和危害商结果

风险表征	LMT1-1	LMT1-2	LMT1-3	LMT1-4	LMT2-1	LMT2-2	LMT2-4	LMT3-1	LMT3-2	LMT3-3	LMT4-1
CR_{ios}	0.000558236	5.93717E-05	0.003238242	5.2512E-05	0.000354811	0.000503832	4.77812E-05	0.00020035	0.000553505	8.137E-05	0.00014973
CR_{dcs}	4.51141E-05	4.79815E-06	0.0002617	4.24378E-06	2.86742E-05	4.07174E-05	3.86146E-06	1.61914E-05	4.47318E-05	6.57595E-06	1.21005E-05
CR_{pis}	—	—	—	—	—	—	—	—	—	—	—
CR_{ois}	—	—	—	—	—	—	—	—	—	—	—
CR_{vis}	—	—	—	—	—	—	—	—	—	—	—
CR_{oriu}	9.66931E-08	9.66931E-08	9.66931E-08	9.66931E-08	9.66931E-08	9.66931E-08	9.66931E-08	9.66931E-08	9.66931E-08	9.66931E-08	9.66931E-08
CR_i	0.000603447	6.42666E-05	0.003500039	5.68525E-05	0.000383582	0.000544646	5.17394E-05	0.000216638	0.000598334	8.80426E-05	0.000161927
HQ_{ois}	9.48527038	1.009161138	55.04149795	0.892564832	6.030843457	8.563797708	0.812153585	3.405416272	9.408115792	1.383073433	2.545015939
HQ_{dcs}	265.1001884	28.19497766	1537.805754	24.9373906	168.4958824	239.264153	22.69077883	95.14400828	262.8535766	38.64172237	71.10526238
HQ_{pis}	0.576522918	0.061316632	3.344321503	0.054232241	0.366434058	0.52036362	0.049346453	0.20691309 8	0.571637131	0.084035544	0.154635173
HQ_{ois}	—	—	—	—	—	—	—	—	—	—	—
HQ_{vis}	—	—	—	—	—	—	—	—	—	—	—
HQ_{oriu}	0.001206169	0.001206169	0.001206169	0.001206169	0.001206169	0.001206169	0.001206169	0.001206169	0.001206169	0.001206169	0.001206169
HQ_i	275.1664445	29.2666616	1596.192779	25.88539384	174.8943661	248.3494933	23.55348504	98.75754382	272.8345357	40.11003752	73.80611966

表4-12 砷污染物的致癌风险和危害商结果

风险表征	LMT4-2	LMT5-1	LMT5-2	LMT5-3	LMT6-1	LMT6-3	LMT7-1	LMT7-2	LMT7-3	LMT7-4	LMT8-1
CR_{ois}	5.03832E-05	0.000178588	0.000230391	5.48774E-05	0.000138376	6.19737E-05	0.000113776	0.000176696	9.60355E-05	6.05544E-05	0.000326426
CR_{dcs}	4.07174E-06	1.44327E-05	1.86191E-05	4.43494E-06	1.11829E-05	5.00843E-06	9.19486E-06	1.42798E-05	7.76115E-06	4.89373E-06	2.63803E-05
CR_{pis}	—	—	—	—	—	—	—	—	—	—	—
CR_{cos}	—	—	—	—	—	—	—	—	—	—	—
CR_{vis}	—	—	—	—	—	—	—	—	—	—	—
CR_{oiw}	9.66931E-08	9.66931E-08	9.66931E-08	9.66931E-08	9.66931E-08	9.66931E-08	9.66931E-08	9.66931E-08	9.66931E-08	9.66931E-08	9.66931E-08
CR_i	5.45516E-05	0.000193118	0.000249106	5.94091E-05	0.000149656	6.70788E-05	0.000123068	0.000191072	0.000103893	6.55448E-05	0.000352903
HQ_{ois}	0.856379771	3.03552454	3.916027684	0.932770455	2.352028948	1.053387324	1.933890468	3.003360041	1.632348296	1.02926395	5.54837598
HQ_{dcs}	23.9264153	84.80959415	109.409993	26.06069648	65.71339415	29.43061413	54.03101296	83.91094945	45.60621884	28.7566306	155.0162118
HQ_{pis}	0.052033636	0.18438476	0.237937848	0.056675134	0.142909283	0.064003815	0.117503188	0.182484161	0.099181485	0.062538079	0.337119333
HQ_{cos}	—	—	—	—	—	—	—	—	—	—	—
HQ_{vis}	—	—	—	—	—	—	—	—	—	—	—
HQ_{oiw}	0.001206169	0.001206169	0.001206169	0.001206169	0.001206169	0.001206169	0.001206169	0.001206169	0.001206169	0.001206169	0.001206169
HQ_i	24.83603488	88.03076334	113.5651647	27.05134824	68.20953855	30.54921144	56.08361279	87.09799982	47.33895479	29.8496388	160.9029133

表 4-13　砷污染物的致癌风险和危害商结果

风险表征	LMT8-2	LMT8-3	LMT9-1	LMT9-5	LMT10-1	LMT10-4	LMT11-1	LMT11-2	LMT11-3	LMT11-4	LMT12-4
CR_{uis}	0.000128442	4.80178E-05	0.00021265	6.78872E-05	0.000101476	0.000133172	0.00013199	0.000165342	0.000158246	7.73488E-05	7.28545E-05
CR_{dis}	1.03801E-05	3.88058E-06	1.71854E-05	5.48633E-06	8.20082E-06	1.07624E-05	1.06668E-05	1.33622E-05	1.27887E-05	6.25098E-06	5.88777E-06
CR_{pis}	—	—	—	—	—	—	—	—	—	—	—
CR_{vois}	—	—	—	—	—	—	—	—	—	—	—
CR_{vis}	—	—	—	—	—	—	—	—	—	—	—
CR_{oiv}	9.66931E-08	9.66931E-08	9.66931E-08	9.66931E-08	9.66931E-08	9.66931E-08	9.66931E-08	9.66931E-08	9.66931E-08	9.66931E-08	9.66931E-08
CR_i	0.000138918	5.1995E-05	0.000229932	7.34702E-05	0.000109773	0.000144031	0.000142753	0.000178801	0.000171131	8.36965E-05	7.8839E-05
HQ_{uis}	2.18316531	0.816174148	3.61448512	1.153901381	1.724821229	2.263576577	2.243473766	2.810373051	2.689756182	1.314723874	1.23833319
HQ_{dis}	60.99950944	22.80310942	100.9851989	32.23887884	48.18982237	63.2421212	62.68046826	78.51908121	75.1491656	36.73210237	34.59782119
HQ_{pis}	0.132649129	0.049590743	0.219616145	0.07011105	0.104800141	0.137534916	0.13631347	0.17075871	0.16342959	0.07988625	0.075241127
HQ_{vois}	—	—	—	—	—	—	—	—	—	—	—
HQ_{vis}	—	—	—	—	—	—	—	—	—	—	—
HQ_{oiv}	0.001206169	0.001206169	0.001206169	0.001206169	0.001206169	0.001206169	0.001206169	0.001206169	0.001206169	0.001206169	0.001206169
HQ_i	63.31253007	23.67008048	104.8205067	33.46409744	50.02064991	65.6444387	65.06146167	81.5014187	78.0035555	38.12791504	35.9126168

表 4-14 砷污染物的致癌风险和危害商结果

风险表征	LMT12-5	LMT13-1	LMT13-2	LMT13-3	LMT13-4
CR_{ois}	5.41678E-05	0.000141451	0.000127969	0.000141688	0.000120163
CR_{dcs}	4.3776E-06	1.14315E-05	1.03418E-05	1.14506E-05	9.711E-06
CR_{pis}	—	—	—	—	—
CR_{vos}	—	—	—	—	—
CR_{vis}	—	—	—	—	—
CR_{oirw}	9.66931E-08	9.66931E-08	9.66931E-08	9.66931E-08	9.66931E-08
CR_i	5.86421E-05	0.000152979	0.000138407	0.000153235	0.00012997
HQ_{ois}	0.920708768	2.404296258	2.175124207	2.40831682	2.042445651
HQ_{dcs}	25.72370472	67.17369179	60.77084826	67.28602238	57.06393885
HQ_{pis}	0.055942266	0.146085044	0.13216055	0.146329334	0.124099001
HQ_{vos}	—	—	—	—	—
HQ_{vis}	—	—	—	—	—
HQ_{oirw}	0.001206169	0.001206169	0.001206169	0.001206169	0.001206169
HQ_i	26.70156192	69.72527926	63.07933919	69.8418747	59.23168967

表 4-15　镍污染物的致癌风险和危害商结果

风险表征	LMT1-2	LMT1-4	LMT5-4	LMT6-4	LMT8-4	LMT10-5	LMT11-1	LMT11-5	LMT11-6	LMT12-6	LMT13-1
CR_{ois}	—	—	—	—	—	—	—	—	—	—	—
CR_{dcs}	—	—	—	—	—	—	—	—	—	—	—
CR_{pis}	5.4137E-07	5.4137E-07	5.07297E-07	3.14222E-07	1.4405E-07	8.13947E-07	1.19253E-06	3.21793E-07	3.21793E-07	3.59651E-07	1.00513E-06
CR_{oos}	—	—	—	—	—	—	—	—	—	—	—
CR_{vis}	—	—	—	—	—	—	—	—	—	—	—
CR_{oriw}	—	—	—	—	—	—	—	—	—	—	—
CR_i	5.4137E-07	5.4137E-07	5.07297E-07	3.14222E-07	1.4405E-07	8.13947E-07	1.19253E-06	3.21793E-07	3.21793E-07	3.59651E-07	1.00513E-06
HQ_{ois}	0.000689928	0.000689928	0.000646506	0.000400448	0.000183579	0.001037305	0.001519773	0.000410097	0.000410097	0.000458344	0.001280951
HQ_{dcs}	0.029270855	0.029270855	0.027428633	0.016989377	0.007788504	0.044008628	0.064477758	0.01739876	0.01739876	0.019445673	0.054345539
HQ_{pis}	0.023109775	0.023109775	0.021665313	0.013413366	0.006149139	0.034745465	0.050906147	0.013736579	0.013736579	0.015352647	0.042906609
HQ_{oos}	—	—	—	—	—	—	—	—	—	—	—
HQ_{vis}	—	—	—	—	—	—	—	—	—	—	—
HQ_{oriw}	0.000511416	0.000511416	0.000511416	0.000511416	0.000511416	0.000511416	0.000511416	0.000511416	0.000511416	0.000511416	0.000511416
HQ_i	0.053581974	0.053581974	0.050241869	0.031314607	0.014632637	0.080302814	0.117415093	0.032056852	0.032056852	0.03576808	0.099044515

表 4-16　镍污染物的致癌风险和危害商结果

风险表征	LMT13-2	LMT13-3	LMT13-4	LMT13-5	LMT14-1	LMT14-2	LMT14-3
CR_{ois}	—	—	—	—	—	—	—
CR_{dcs}	—	—	—	—	—	—	—
CR_{pis}	1.18117E-06	1.361E-06	1.24553E-06	1.37235E-06	1.21146E-06	2.40398E-06	2.53649E-06
CR_{oos}	—	—	—	—	—	—	—
CR_{vis}	—	—	—	—	—	—	—
CR_{oiw}	—	—	—	—	—	—	—
CR_i	1.18117E-06	1.361E-06	1.24553E-06	1.37235E-06	1.21146E-06	2.40398E-06	2.53649E-06
HQ_{ois}	0.001505299	0.001734471	0.001587318	0.001748945	0.001543896	0.003063668	0.003232532
HQ_{dcs}	0.063863684	0.07358852	0.067343436	0.074200594	0.065501214	0.129978972	0.137143167
HQ_{pis}	0.050421326	0.05809765	0.053168642	0.058582471	0.051714181	0.10620328	0.108276566
HQ_{oos}	—	—	—	—	—	—	—
HQ_{vis}	—	—	—	—	—	—	—
HQ_{oiw}	0.000511416	0.000511416	0.000511416	0.000511416	0.000511416	0.000511416	0.000511416
HQ_i	0.116301724	0.133930056	0.122610812	0.135043425	0.119270707	0.236174384	0.249163681

由上述锌、铜、镉、砷和镍超标点位进行致癌风险和危害商表征的结果可知：

项目场地内锌污染物在 LMT1－1、LMT1－3、LMT2－1、LMT3－1、LMT3－2、LMT5－2、LMT7－3、LMT10－4 和 LMT11－4 点位风险水平不可接受。

项目场地内铜污染物在 LMT1－3、LMT2－3、LMT3－2、LMT3－3、LMT4－2、LMT4－3、LMT4－4、LMT5－3、LMT6－3、LMT7－3、LMT8－3、LMT10－4、LMT11－4 和 LMT12－5 点位风险水平不可接受。

项目场地内镉污染物在 LMT1－1、LMT1－3、LMT2－1、LMT3－1、LMT3－2、LMT4－1、LMT5－1、LMT5－2、LMT7－3、LMT8－1 和 LMT10－4 点位风险水平不可接受。

项目场地内砷污染物在 LMT1－1、LMT1－2、LMT1－3、LMT1－4、LMT2－1、LMT2－2、LMT2－4、LMT3－1、LMT3－2、LMT3－3、LMT4－1、LMT4－2、LMT5－1、LMT5－2、LMT5－3、LMT6－1、LMT6－3、LMT7－1、LMT7－2、LMT7－3、LMT7－4、LMT8－1、LMT8－2、LMT8－3、LMT9－1、LMT9－5、LMT10－1、LMT10－4、LMT11－1、LMT11－2、LMT11－3、LMT11－4、LMT12－4、LMT12－5、LMT13－1、LMT13－2、LMT13－3 和 LMT13－4 点位风险水平不可接受。

项目场地内镍污染物在 LMT11－1、LMT13－1、LMT13－2、LMT13－3、LMT13－4、LMT13－5、LMT14－1、LMT14－2 和 LMT14－3 点位风险水平不可接受。

项目场地内铅污染物以启动值为边界在 LMT1－1、LMT1－3、LMT2－1、LMT2－3、LMT3－1、LMT3－2、LMT4－1、LMT5－1、LMT5－2、LMT6－1、LMT7－1、LMT7－2、LMT8－2、LMT9－1、LMT11－1、LMT11－2、LMT11－3、LMT13－1、LMT13－2、LMT13－3 和 LMT13－4 点位风险水平不可接受。

第 5 章　污染土壤修复目标

土壤修复涉及两个标准值：①修复行动值；②修复目标值。修复行动值是指当土壤污染物浓度或风险值/危害指数高于此值时，土壤需要进行修复。因此，修复行动值用于筛选需要修复的区域。修复目标值是指污染土壤经过修复后应该达到的质量标准。

5.1　污染土壤修复目标值计算方法

场地修复目标值是在确定最大风险可接受水平的基础上，通过模型反推出来的数值。根据特殊场地的参数设定，用修复目标值界定目标污染物的最大可接受水平，并对界定范围内的污染土壤进行治理。

基于经口摄入土壤途径致癌风险的土壤修复限值为

$$RBSL_{ois} = \frac{TR}{OIS_{ca} \times SF_o}$$

式中，$RBSL_{ois}$——基于经口摄入土壤途径致癌风险的土壤修复限值，mg/kg；

TR——目标可接受致癌风险，无量纲。

基于皮肤接触土壤途径致癌风险的土壤修复限值为

$$RBSL_{dcs} = \frac{TR}{DCS_{ca} \times SF_d}$$

式中，$RBSL_{dcs}$——基于皮肤接触土壤途径致癌风险的土壤修复限值，mg/kg。

基于吸入土壤颗粒物途径致癌风险的土壤修复限值为

$$RBSL_{pis} = \frac{TR}{PIS_{ca} \times SF_i}$$

式中，$RBSL_{pis}$——基于吸入土壤颗粒物途径致癌风险的土壤修复限值，mg/kg。

基于吸入室外空气中污染物蒸汽途径致癌风险的土壤修复限值为

$$RBSL_{vos} = \frac{TR}{(VOS_{ca1} + VOS_{ca2}) \times SF_i}$$

式中，$RBSL_{vos}$——基于吸入室外空气中污染物蒸汽途径致癌风险的土壤修复限值，mg/kg。

基于吸入室内空气中污染物蒸汽途径致癌风险的土壤修复限值为

$$RBSL_{vis1} = \frac{TR}{VIS_{ca1} \times SF_i}$$

式中，$RBSL_{vis1}$——基于吸入室内空气中污染物蒸汽途径致癌风险的土壤修复限值，mg/kg。

基于所有暴露途径总致癌风险的土壤修复限值为

$$RBSL_{soil} = \frac{TR}{OIS_{ca} \times SF_o + DCS_{ca} \times SF_d + (PIS_{ca} + VOS_{ca1} + VOS_{ca2} + VIS_{ca1}) \times SF_i}$$

式中，$RBSL_{soil}$——基于所有暴露途径总致癌风险的土壤修复限值，mg/kg。

基于经口摄入土壤途径危害商的土壤修复限值为

$$HBSL_{ois} = \frac{RfD_o \times THQ}{OIS_{nc}}$$

式中，$HBSL_{ois}$——基于经口摄入土壤途径危害商的土壤修复限值，mg/kg；

THQ——目标可接受危害商，无量纲。

基于皮肤接触土壤途径危害商的土壤修复限值为

$$HBSL_{dcs} = \frac{RfD_d \times THQ}{DCS_{nc}}$$

式中，$HBSL_{dcs}$——基于皮肤接触土壤途径危害商的土壤修复限值，mg/kg。

基于吸入土壤颗粒物途径危害商的土壤修复限值为

$$HBSL_{pis} = \frac{RfD_i \times THQ}{PIS_{nc}}$$

式中，$HBSL_{pis}$——基于吸入土壤颗粒物途径危害商的土壤修复限值，mg/kg。

基于吸入室外空气中污染物蒸汽途径危害商的土壤修复限值为

$$HBSL_{vos} = \frac{RfD_i \times THQ}{VOS_{nc1} + VOS_{nc2}}$$

式中，$HBSL_{vos}$——基于吸入室外空气中污染物蒸气途径危害商的土壤修复限值，mg/kg。

基于吸入室内空气中污染物蒸汽途径危害商的土壤修复限值为

$$HBSL_{vis} = \frac{RfD_i \times THQ}{VIS_{nc1}}$$

式中，$HBSL_{vis}$——基于吸入室内空气中污染物蒸汽途径危害商的土壤修复限值，mg/kg。

基于所有暴露途径总危害商的土壤修复限值为

$$HBSL_{soil} = \frac{THQ}{OIS_{nc}/RfD_o + DCS_{nc}/RfD_d + (PIS_{nc} + VOS_{nc1} + VOS_{nc2} + VIS_{nc1})/RfD_i}$$

式中，$HBSL_{soil}$——基于所有暴露途径总危害商的土壤修复限值，mg/kg。

5.2 污染土壤修复目标值

基于目标可接受致癌风险和目标可接受危害商计算修复目标值，结果见表 5-1。

表 5-1 修复目标值

修复目标值	锌	铅	铜	镉	砷	镍
$RBSL_{ois}$	—	—	—	1.668790477	0.422760254	—
$RBSL_{dcs}$	—	—	—	15.48704921	5.231181068	—
$RBSL_{pis}$	—	—	—	7.095841755	—	52.82897502
$RBSL_{vos}$	—	—	—	—	—	—
$RBSL_{vis1}$	—	—	—	—	—	—
$RBSL_{soil}$	—	—	—	1.242646502	—	52.82897502
$HBSL_{ois}$	24872.14286	—	82907.14286	218.1766917	24.87214286	41453.57143
$HBSL_{dcs}$	434.2582777	—	72.37637962	0.476160392	0.890229469	977.0811249
$HBSL_{pis}$	3897745.876	—	3486.355882	12992.48625	111.7353818	337.8046426
$HBSL_{vos}$	—	—	—	—	—	—
$HBSL_{vis}$	—	—	—	—	—	—
$HBSL_{soil}$	426.7596677	—	—	0.475106083	0.852906673	249.5090462
$RBSL_{gw}$	—	—	—	0.000322292	—	—
$HBSL_{gw}$	—	—	—	—	—	—

基于目标可接受致癌风险和目标可接受危害商计算锌、铅、铜、镉、砷和镍的修复目标值，见表 5-2。

表 5-2 基于目标可接受致癌风险和目标可接受危害商修复目标值

污染因子	锌	铅	铜	镉	砷	镍
土壤修复目标值（mg/kg）	434	—	72	0.47	0.42	52

《展览会用地土壤环境质量评价标准（暂行）》中对锌、铅、铜、镉、砷和镍的要求见表 5-3。

表 5-3 土壤评价限值

污染因子	锌	铅	铜	镉	砷	镍
土壤评价限值（mg/kg）	200	140	63	1	20	50

综合分析，确定本项目场地土壤锌、铅、铜、镉、砷和镍的修复目标值，见表 5-4。

表 5-4 土壤修复目标值

污染因子	锌	铅	铜	镉	砷	镍
土壤修复目标值（mg/kg）	200	140	63	0.47	0.42	50

参考文献

［1］张乃明. 环境土壤学［M］. 北京：中国农业大学出版社，2013.

［2］《中华人民共和国环境保护法》（2014 年修订版）.

［3］《中华人民共和国水污染防治法》（2017 年修订版）.

［4］《中华人民共和国固体废物污染环境防治法》（2016 年修正）.

［5］《中华人民共和国大气污染防治法》（2018 修订）.

［6］《废弃危险化学品污染环境防治办法》（国家环境保护总局令〔2005〕27 号）.

［7］《国务院关于加强环境保护重点工作的意见》（环发〔2011〕35 号）.

［8］《关于保障工业企业场地再开发利用环境安全的通知》（环发〔2012〕140 号）.

［9］《国务院办公厅关于推进城区老工业区搬迁改造的指导意见》（国办发〔2014〕9 号）.

［10］《关于加强工业企业关停、搬迁及原址场地再开发利用过程中污染防治工作的通知》（环发〔2014〕66 号）.

［11］《成都市国土资源局、成都市环境保护局关于实施污染地块建设用地准入管理的通知》（成国土资发〔2017〕50 号）.

［12］《污染地块土壤环境管理办法（试行）》（环境保护部令〔2016〕第 42 号）.

［13］《国务院关于印发土壤污染防治行动计划的通知》（国发〔2016〕131 号）.

［14］《关于印发土壤污染防治行动计划四川省工作方案的通知》（川府发〔2016〕63 号）.

［15］《国务院办公厅关于印发近期土壤环境保护和综合治理工作安排的通知》（国办发〔2013〕7 号）.

［16］《国务院关于加强重金属污染防治工作的指导意见》（国办发〔2009〕61 号）.

［17］《国家环保部、工信部、国土资源部、住建部关于保障工业企业场地再开发利用环境安全的通知》（环发〔2012〕140 号）.

［18］《关于切实做好企业搬迁过程中环境污染防治工作的通知》（环办〔2004〕147 号）.

［19］《环保部关于加强土壤污染防治工作的意见》（环发〔2008〕48 号）.

［20］《四川省人民政府关于进一步加强重点污染防治工作的意见》（川府发〔2013〕20 号）.

［21］《关于贯彻落实〈国务院办公厅关于印发近期土壤环境保护和综合治理工作安排的通知〉的通知》（环发〔2013〕46 号）.

［22］《土壤污染防治行动计划》（2016 年 5 月）.

[23]《〈土壤污染防治行动计划四川省工作方案〉2018 年度实施计划》.

[24]《中共四川省委关于推进绿色发展建设美丽四川的决定》(2016 年 7 月).

[25]《土壤污染防治行动计划四川省工作方案》(2016 年 12 月).

[26]《"十三五"生态环境保护规划》(国发〔2016〕65 号).

[27]《四川省人民政府关于印发四川省"十三五"环境保护规划的通知》(川府发〔2017〕14 号).

[28]《建设用地土壤污染状况调查技术导则》(HJ 25.1—2019).

[29]《建设用地土壤污染风险管控和修复监测技术导则》(HJ 25.2—2019).

[30]《建设用地土壤污染风险评估技术导则》(HJ 25.3—2019).

[31]《建设用地土壤修复技术导则》(HJ 25.4—2019).

[32]《污染地块风险管控与土壤修复效果评估技术导则》(HJ 25.5—2018).

[33]《建设用地土壤污染风险管控和修复术语》(HJ 682—2019).

[34]《建设用地土壤环境调查评估技术指南》(环境保护部公告 2017 年第 72 号).

[35]《土壤环境监测技术规范》(HJ/T 166—2004).

[36]《地下水环境监测技术规范》(HJ/T 164—2004).

[37]《地表水和污水监测技术规范》(HJ/T 91—2002).

[38]《农田土壤环境质量监测技术规范》(NY/T 395—2012).

[39]《工业固体废物采样制样技术规范》(HJ/T 20—1998).

[40]《水质采样技术指导》(HJ 494—2009).

[41]《水质采样样品的保存和管理技术规范》(HJ 493—2009).

[42]《土壤检测第 1 部分:土壤样品的采集、处理和贮存》(NY/T 1121.1—2006).

[43]《土壤环境质量农用地土壤污染风险管控标准(试行)》(GB 15618—2018).

[44]《场地土壤环境风险评价筛选值》(DB11/T 811—2011).

[45]《上海市场地土壤环境健康风险评估筛选值(试行)》.

[46]《重庆市场地土壤环境风险评估筛选值》(DB50/T 723—2016).

[47]《场地环境评价导则》(DB11/T 656—2009).

[48]《危险废物鉴别技术规范》(HJ/T 298—2007).

[49]《危险废物鉴别标准浸出毒性鉴别》(GB 5085.3—2007).

[50]《固体废物鉴别标准通则》(GB 34330—2017).

[51]《地下水质量标准》(GB/T 14848—2017).

[52]《地表水环境质量标准》(GB 3838—2002).

[53]《农田灌溉水质标准》(GB 5084—2005).

[54]《污水综合排放标准》(GB 8978—1996).

[55]《固体废物　浸出毒性浸出方法　硫酸硝酸法》(HJ/T 299—2007).

[56]《固体废物　浸出毒性浸出方法　水平振荡法》(HJ 557—2010).

[57]《固体废物　浸出毒性浸出方法　醋酸缓冲溶液法》(HJ/T 300—2007).

[58]《一般工业固体废物贮存、处置场污染控制标准》(GB 18599—2001).

[59]《生活垃圾填埋场污染控制标准》(GB 16889—2008).

［60］《工业污染源现场检查技术规范》（HJ 606—2011）．

［61］《建筑施工场界环境噪声排放标准》（GB 12523—2011）．

［62］《土壤环境质量评价技术规范（二次征求意见稿）》（2016 年 2 月）．

［63］《危险化学品重大危险源辨识》（GB 18218—2018）．

［64］《工业企业场地环境调查评估与修复工作指南（试行）》（2014 年 11 月）．

［65］《污染场地修复技术目录（第一批）》（环境保护部公告 2014 年第 75 号）．

［66］《污染场地地下水修复技术导则（征求意见稿）》（2018 年 12 月）．

［67］《污染地块风险管控技术指南——阻隔技术（试行）》（征求意见稿）（2017 年 11 月）．

［68］《污染地块修复技术指南——固化稳定化技术（试行）》（征求意见稿）（2017 年 11 月）．

［69］《污染地块土壤治理与修复项目实施方案编制指南》（征求意见稿）（2016 年 12 月）．

［70］《污染地块风险管控与土壤修复效果评估技术导则（试行）》（2018 年 12 月）．

［71］《污染地块勘探技术指南》（T/CAEPI 14—2018）．

［72］《岩土工程勘察规范》（GB 50021—2001）．

［73］《土工试验方法标准》（GB/T 50123—2019）．

［74］《工程测量规范》（GB 50026—2007）．

［75］刘巍，杨建军，汪君，等．准东煤田露天矿区土壤重金属污染现状评价及来源分析［J］．环境科学，2016，37（5）：1938－1945．

［76］王兴利，王晨野，吴晓晨，等．重金属污染土壤修复技术研究进展［J］．化学与生物工程，2019，36（2）：1－7，11．

［77］施明才，傅月坤．我国土壤重金属污染现状及其防治措施［J］．资源节约与环保，2018（6）：80．

［78］宋卫华，姚靖，王文芳．土壤重金属污染来源、分布及风险评价研究［J］．资源节约与环保，2018（10）：78－79．

［79］常学秀，施晓东．土壤重金属污染与食品安全［J］．云南环境科学，2001（S1）：21－24，77．

［80］曹升赓．土壤剖面［J］．土壤，1980（3）：112－116．

［81］王少华．利用 Visual FoxPro 变异系数的算法［J］．电脑编程技巧与维护，2010（14）：48．

［82］《土壤环境质量农用地土壤污染风险管控标准（试行）》（征求意见稿）（环办标征函〔2018〕3 号）．

［83］廖国礼，吴超．资源开发环境重金属污染与控制［M］．长沙：中南大学出版社，2005．

［84］李玲，薛志斌，高畅，等．基于复合指数法的土壤重金属污染评价［J］．国土资源科技管理，2018，35（1）：1－10．

［85］刘硕，吴泉源，曹学江，等．龙口煤矿区土壤重金属污染评价与空间分布特征［J］．环境科学，2016，37（1）：270－279．

［86］李玉梅，李海鹏，张连科，等．包头某铝厂周边土壤重金属污染及健康风险评价［J］．中国环境监测，2017，33（1）：88－96．

[87] 李倩，秦飞，季宏兵，等. 北京市密云水库上游金矿区土壤重金属含量、来源及污染评价 [J]. 农业环境科学学报，2013，32（12）：2384—2394.

[88] 王斐，黄益宗，王小玲，等. 江西钨矿周边土壤重金属生态风险评价：不同评价方法的比较 [J]. 环境化学，2015，34（2）：225—233.

[89] 苏全龙，周生路，易昊旻，等. 几种区域土壤重金属污染评价方法的比较研究 [J]. 环境科学学报，2016，36（4）：1309—1316.

[90] 刘亚纳，朱书法，魏学锋，等. 河南洛阳市不同功能区土壤重金属污染特征及评价 [J]. 环境科学，2016，37（6）：2322—2328.

[91] 张金婷，孙华. 内梅罗指数法和模糊综合评价法在土壤重金属污染评价应用中的差异分析 [J]. 环境监测管理与技术，2016，28（4）：27—31.

[92] 付善明，肖方，宿文姬，等. 基于模糊数学的广东大宝山矿横石河下游土壤重金属元素污染评价 [J]. 地质通报，2014，33（8）：1140—1146.

[93] 郭绍英，林皓，谢妤，等. 基于改进灰色聚类法的矿区土壤重金属污染评价 [J]. 环境工程，2017，35（10）：146—150.

[94] 范晓婷，蒋艳雪，崔斌，等. 富集因子法中参比元素的选取方法——以元江底泥中重金属污染评价为例 [J]. 环境科学学报，2016，36（10）：3795—3803.

[95] 许丽忠，张江山. 密切值法在土壤环境质量综合评价中的应用 [J]. 化工环保，2003（1）：45—49.

[96] 孙贤斌，李玉成. 基于 GIS 的淮南煤矿废弃地土壤重金属污染生态风险评价 [J]. 安全与环境学报，2015，15（2）：348—352.

[97] 王晓飞，魏萌萌，温中海，等. 物元分析法在土壤重金属污染评价中的应用 [J]. 中国环境监测，2016，32（3）：69—73.

[98] 闫广轩，王跃思，张朴真，等. 郑州市采暖期与非采暖期 PM2.5 中重金属来源及潜在健康风险评价 [J]. 环境科学学报，2019（3）：1—10.

[99] 陈国光，梁晓红，周国华，等. 土壤元素污染等级划分方法及其应用 [J]. 中国地质，2011，38（6）：1631—1639.

[100] 奚小环. 土壤污染地球化学标准及等级划分问题讨论 [J]. 物探与化探，2006（6）：471—474.

[101] 蔡雄飞，李丁，王济，等. 基于改进模糊数学法的五马河沿岸土壤重金属污染评价 [J]. 江苏农业科学，2019，47（1）：246—250.

[102] Hakanson L. An ecological risk index for aquatic pollution control, a sedimentological approach [J]. Water Research，1980，14（8）：975—1001.

[103] 徐争启，倪师军，庹先国，等. 潜在生态危害指数法评价中重金属毒性系数计算 [J]. 环境科学与技术，2008（2）：112—115.

[104] Muller G. Index of geoaccumulation in sediments of the RhineRiver [J]. Geojournal，1969，3（2）：108—118.

[105] 熊秋林，赵佳茵，赵文吉，等. 北京市地表土重金属污染特征及潜在生态风险 [J]. 中国环境科学，2017，37（6）：2211—2221.

[106] 滕彦国，庹先国，倪师军，等. 应用地质累积指数评价攀枝花地区土壤重金属污染 [J]. 重庆环境科学，2002（4）：25−27，31.

[107] 李珊珊，单保庆，张洪. 滏阳河河系表层沉积物重金属污染特征及其风险评价 [J]. 环境科学学报，2013，33（8）：2277−2284.

[108] 刘玥，韩雪峰，牛宏，等. 神府矿区煤矸石周边土壤重金属污染评价 [J]. 辽宁工程技术大学学报（自然科学版），2015，34（9）：1021−1025.

[109] 王兴利，王晨野，吴晓晨，等. 重金属污染土壤修复技术研究进展 [J]. 化学与生物工程，2019（2）：1−7，11.

[110] 孙浩，周春财，徐仲雨，等. 淮北矿区土壤重金属空间分布与环境评价 [J]. 中国科学技术大学学报，2018，48（7）：560−566.

[111] 易文利，董奇，杨飞，等. 宝鸡市不同功能区土壤重金属污染特征、来源及风险评价 [J]. 生态环境学报，2018，27（11）：2142−2149.

[112] 易文利，董奇，杨飞，等. 陕西省宝鸡市不同功能区土壤重金属污染特征及健康风险评价 [J]. 环境与职业医学，2018，35（11）：1019−1024，1030.

[113] 王玉军，吴同亮，周东美，等. 农田土壤重金属污染评价研究进展 [J]. 农业环境科学学报，2017，36（12）：2365−2378.

[114] 郭鹏然，雷永乾，周巧丽，等. 电镀厂周边环境中重金属分布特征及人体健康暴露风险评价 [J]. 环境科学，2015，36（9）：3447−3456.

[115] 徐燕，李淑芹，郭书海，等. 土壤重金属污染评价方法的比较 [J]. 安徽农业科学，2008（11）：4615−4617.

[116] 杜锁军. 国内外环境风险评价研究进展 [J]. 环境科学与管理，2006（5）：193−194.

[117] 谌宏伟. 污染场地健康风险评价 [D]. 北京：中国地质大学，2006.

[118] 张鑫，张敏，任伊凡，等. 某废弃厂房和建筑用地表层土壤中重金属的健康风险初探 [J]. 河南师范大学学报（自然科学版），2018，46（6）：54−60.

[119] 莫建成. 基于污染负荷指数法的东莞麻涌河涌底泥重金属污染评价 [J]. 广东水利水电，2016（2）：4−7.

[120] 王静，刘明丽，张士超，等. 沈抚新城不同土地利用类型多环芳烃含量、来源及人体健康风险评价 [J]. 环境科学，2017，38（2）：703−710.

[121] 环境保护部. 中国人群暴露参数手册（成人卷）[M]. 北京：中国环境出版社，2013.

[122] Smith R L. Use of Monte Carlo simulation for human exposure assessment at a superfund site [J]. Risk Analysis，1994，14（4）：433−439.

[123] 成杭新，李括，李敏，等. 中国城市土壤化学元素的背景值与基准值 [J]. 地学前缘，2014，21（3）：265−306.

[124] 王文森. 变异系数——一个衡量离散程度简单而有用的统计指标 [J]. 中国统计，2007（6）：41−42.

[125] 张冲. 东莞蔬菜产区重金属污染调查评价及与土壤环境因子相关性分析 [D].

武汉：华中农业大学，2008.

[126] 程芳，程金平，桑恒春，等．大金山岛土壤重金属污染评价及相关性分析 [J]．环境科学，2013，34（3）：1062－1066.

[127] 能子礼超，勾琴，彭代芳，等．工业搬迁企业原场地土壤 Pb、Cd、Hg、Cr 污染研究 [J]．能源与环保，2020，42（8）：1－5，14.

[128] 能子礼超，勾琴，刘盛余，等．模糊数学法综合评价土壤重金属污染程度研究 [J]．能源与环保，2020，42（7）：39－43.

[129] 能子礼超，郑慧，刘盛余，等．废弃矿区土壤重金属污染程度及生态风险评价研究 [J]．能源与环保，2020，42（6）：29－34.